AF470367

BIBLIOTHÈQUE

DES ÉCOLES CHRÉTIENNES

APPROUVÉE

PAR Mgr L'ÉVÊQUE DE NEVERS.

Création du monde.

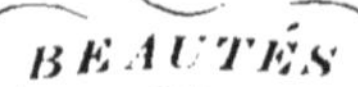

BEAUTÉS

DU

SPECTACLE DE LA NATURE

par Pluche

Ouvrage mis en rapport avec nos connaissances actuelles

PAR F. L. JÉHAN.

Tours

A. Mame & Cⁱᵉ

1849

BEAUTÉS

DU

SPECTACLE DE LA NATURE

OU

ENTRETIENS SUR L'HISTOIRE NATURELLE

DES ANIMAUX ET DES PLANTES

PAR PLUCHE

Ouvrage mis au niveau des connaissances actuelles

Par C.-F. Jéhan

MEMBRE DE LA SOCIÉTÉ GÉOLOGIQUE DE FRANCE, AUTEUR DES ESQUISSES
DES HARMONIES DE LA CRÉATION, ETC.

> Interrogez les animaux des champs, et ils
> vous instruiront ; les oiseaux du ciel, et ils
> vous apprendront ; parlez à la terre, et elle
> vous répondra ; et les poissons de la mer
> vous diront : Qui donc ignore que c'est la
> main du Seigneur qui a fait toutes choses ;
> qu'il a dans sa main la vie de tout ce qui
> respire et l'âme de toute créature ?
>
> JOB, XII.

TOURS

Ad MAME ET Cie, IMPRIMEURS-LIBRAIRES

1844

NOTICE BIOGRAPHIQUE

SUR

L'ABBÉ PLUCHE.

PLUCHE (Noël-Antoine) naquit à Reims, suivant d'autres à Rethel, en 1688. Il resta, fort
jeune, orphelin, et fut élevé par sa mère, qui ne
négligea rien pour lui procurer les avantages
d'une bonne éducation. La douceur de son caractère et son application à l'étude lui méri-
tèrent l'estime de ses maîtres, dont il aspira

bientôt à partager les fonctions. A vingt-deux ans, il fut nommé professeur d'humanités au collége de sa ville natale, et il ne tarda pas à passer dans la chaire de rhétorique, qu'il remplit avec une égale distinction. Il venait d'être admis dans l'état ecclésiastique, lorsque l'évèque de Laon lui fit offrir la principalité de son collége. Quelque temps après il entra, à la recommandation de Rollin, chez l'intendant de Normandie, qui lui confia l'éducation de son fils. Pendant son séjour à Rouen, l'abbé Pluche donna des leçons de physique au fils de lord Stafford ; et, pour pouvoir communiquer plus facilement ses idées à son élève, il apprit l'anglais. Le hasard lui ayant fait découvrir un acte intéressant pour la couronne, il s'empressa de l'envoyer au cardinal de Fleury, pour le déposer aux archives royales. En récompense de ce service, le ministre lui fit obtenir un riche prieuré qu'il refusa ; mais il reçut une petite gratification pécuniaire qui paya les frais de son voyage et de son établissement à Paris, où il vécut du produit des leçons d'histoire et de géographie qu'il donnait à des jeunes gens. Mais il renonça bientôt à l'enseignement pour travailler au *Spectacle de la Nature*, ouvrage dont il avait conçu l'idée dans le temps qu'il expliquait les éléments de la physique au jeune Stafford. Ce livre, dont il communiqua le plan au vertueux Rollin, qui lui donna d'utiles conseils, fut accueilli de toutes les classes de lecteurs. Les études de l'abbé Pluche l'avaient mis en rapport avec les littérateurs, les savants et les artistes les plus distingués. Pluche jouissait de toute la considération due à ses talents et à son caractère ; mais, à raison de sa surdité, il quitta Paris en 1749, pour se retirer à la Varenne-Saint-Maur, où il partagea le reste de sa vie entre la prière et la lecture des saintes Écritures. L'abbé Pluche y mourut d'apoplexie le 19 novembre 1761.

Le plus considérable de ses ouvrages est le *Spectacle de la Nature* ou *Entretiens sur l'histoire naturelle et les sciences*, Paris 1732, 8 tomes en 9 volumes in-12. C'est un livre agréable et fort instructif : il renferme des notions simples et claires des principaux phénomènes de l'histoire naturelle , de la physique et des procédés des arts mécaniques; il a beaucoup contribué aux progrès que ces sciences ont faits parmi nous et à en répandre le goût dans toutes les classes. On dit que ce fut d'après l'avis judicieux de Rollin qu'il répandit sur son ouvrage un charme particulier, en remontant sans cesse des effets à la cause et en signalant, dans ses moindres productions, la sagesse et la bonté du Créateur. Les premiers volumes sont en forme de dialogue : les interlocuteurs sont le jeune Stafford, sous le nom du chevalier du Breuil; son père et sa mère, sous les noms de comte et de comtesse, et enfin le prieur, personnage dans lequel l'auteur s'est peint lui-même, peut-être à son insu. Malgré les progrès immenses que les sciences naturelles ont faits depuis près d'un siècle, on doit convenir que, si les notions que donne ce livre sont souvent incomplètes, elles ne sont presque jamais inexactes. On y rencontre une multitude de choses curieuses, alors absolument neuves, et dont plusieurs ne se trouvent, même aujourd'hui, dans aucun ouvrage à la portée des gens du monde. Le *Spectacle de la nature* a été imprimé un grand nombre de fois, et a été traduit dans presque toutes les langues de l'Europe, en anglais (1735), en italien (1737), en hollandais (1737), en allemand (1746), en espagnol (1752), etc.

Nous citerons en faveur de la partie du *Spectacle de la nature* que renferme le présent volume, le témoignage d'un homme de génie, le plus compétent en cette matière et l'un des plus grands naturalistes qu'ait produits la France, l'illustre Réaumur. Parlant du livre de l'abbé Pluche dans la préface du premier volume de ses *Mémoires pour servir à l'histoire des Insectes*, il dit : « La part que j'ai aux observations qu'il a fait entrer dans son ouvrage, ne me permet pas même de le louer en général sur les choix qu'il a faits ; mais la manière dont les observations y sont rapportées a été mieux louée

que je ne le pourrais faire, par l'empressement
que le public a eu de les lire : à peine le livre
a-t-il paru, que l'édition a été enlevée. »

PRÉFACE DE L'AUTEUR.

De tous les moyens qu'on peut employer avec succès pour ouvrir l'intelligence aux jeunes gens et pour les mettre de bonne heure dans l'usage de penser, il n'y en a point dont les effets soient plus sûrs et plus durables que la curiosité. Le désir de savoir nous est aussi naturel que la raison. Il est vif et agissant à tout âge, mais il ne l'est jamais plus que dans la jeunesse, où l'esprit, vide de connaissances, saisit avec avidité ce qu'on lui présente, se livre volontiers à l'attrait de la nouveauté et contracte tout naturellement l'habitude de réfléchir et de s'occuper.

On tirerait de cette heureuse disposition tout le bien qu'elle peut produire, si on l'exerçait sur des objets également propres à attacher l'esprit par le plaisir et à le remplir de lumières et d'instructions. Or ce double avantage se trouve d'une manière parfaite dans l'étude de la nature, soit qu'on en considère l'assemblage et la disposition générale, soit qu'on en examine les beautés dans le détail. Tout y est capable de plaire et d'instruire, parce que tout y est plein de desseins, de proportions et de précautions. Tous les corps qui nous environnent, les plus petits comme les plus grands, nous apprennent quelques vérités : ils ont tous un langage qui s'adresse à nous, et même qui ne s'adresse qu'à nous. Leur structure particulière, leur tendance à une fin nous marquent l'intention de l'ouvrier. Leurs rapports entre eux et avec nous sont autant de voix distinctes qui nous appellent, qui nous offrent des services, et qui, par les avis qu'elles nous donnent, remplissent notre vie de commodités, notre esprit de vérités, notre cœur de reconnaissance. Enfin l'on peut dire que la nature est le plus savant et le plus parfait de tous les livres propres à cultiver notre raison, puisqu'il renferme à la fois les objets de toutes les sciences, et que l'intelligence n'en est bornée ni à aucune langue, ni à aucune personne.

C'est de ce livre exposé à tous les yeux, et cependant assez peu lu, que nous entreprenons, pour ainsi dire, de donner un extrait, dans le dessein de faire connaître aux jeunes lecteurs des richesses qu'ils possédaient sans en jouir, et de rapprocher sous leurs yeux ce que l'éloignement, la petitesse et l'inattention leur dérobaient. Au lieu de passer méthodiquement des connaissances générales et universelles aux particulières, nous avons cru devoir imiter ici l'ordre de la nature même, et débuter par les premiers objets qui se trouvent autour de nous et qui sont à tout moment sous notre main : je veux dire les animaux et les plantes. Nous avons commencé par les plus petits animaux. Des insectes nous sommes venu aux poissons, aux oiseaux, aux animaux terrestres. Après avoir examiné une partie des services qu'ils nous rendent, nous passons à ceux qui se tirent des plantes, en tâchant par tout de joindre l'utilité à la variété. Si l'on n'a pas toujours suivi un ordre scrupuleux, c'est parce que, quand il s'agit de conduire les esprits à la vérité, il est quelquefois permis de quitter la route la plus droite, si elle se trouve trop rude, et de prendre la plus amusante ou la plus douce, pourvu qu'elle mène également au terme.

Nous jouissons tous de la vue et des dehors de la nature, le spectacle est pour nous. En nous y bornant, nous découvrons très-suffisamment de toutes parts le beau, l'utile et le vrai. Nous connaissons l'existence des objets, nous en voyons la forme, nous en ressentons la bonté, nous en calculons le nombre, nous en voyons les propriétés, les convenances, la destination et l'usage. C'est bien de quoi exercer utilement notre esprit, chaque nouvelle connaissance est un nouveau plaisir. Nous voyons croître nos richesses avec nos découvertes, et la vue de tant de bienfaits ne peut que bannir de nos cœurs l'ingratitude et l'indifférence. Mais prétendre pénétrer le fond même de la nature, vouloir rappeler les effets à leurs causes spéciales, comprendre l'artifice et le jeu des ressorts, et les plus petits éléments dont ces ressorts sont composés, c'est une entreprise hardie et d'un succès trop incertain; nous la laissons à ces génies d'un ordre supérieur, à qui il peut avoir été donné d'entrer dans ces mystères. Pour nous, nous croyons qu'il nous convient mieux de nous en tenir à la décoration extérieure de ce monde et à l'effet des machines qui forment le spectacle. Nous y sommes admis; on voit bien même qu'il n'a été rendu si brillant que pour piquer notre curiosité. Mais, contents d'une représentation qui remplit suffisamment nos sens et notre esprit, il n'est pas nécessaire de demander que la salle des machines nous soit ouverte. En un mot, notre objet est de prendre dans les scènes de la nature ce qui peut frapper vivement et exercer utilement la raison, sans jamais toucher non-seulement à ce qui nous paraît au-dessus de ses forces, mais même à ce qui pourrait aisément lasser ses efforts.

Si ce petit ouvrage a pris quelque faveur dans le public, c'est par la proportion que nous avons mise entre le choix des matières et le besoin des jeunes gens, et principalement par la préférence que nous avons donnée partout à ce qui pouvait les instruire ou les toucher, sur ce qui n'aurait été pour eux qu'une connaissance froide et stérile : il n'y a personne, de quelque âge et en quelque état que ce soit, qui ne trouve bon qu'on remue son cœur et qu'on y fasse naître des sentiments à la vue des merveilles que Dieu opère sans cesse autour de nous et pour nous dans les petites choses comme dans les grandes. Les plus faibles objets peuvent, par ce moyen, acquérir de la dignité et de l'âme.

BEAUTÉS

DU

SPECTACLE DE LA NATURE.

PREMIER ENTRETIEN.

Les insectes.

LE COMTE, LE CHEVALIER, LE PRIEUR.

LE COMTE. Si nous voulons faire notre promenade ordinaire, il est temps d'y songer. Le jour baisse, partons.

LE CHEVALIER. Voilà M. le prieur qui arrive à propos pour être de la partie.

LE PRIEUR. Messieurs, je vous invite à prendre l'air et à gagner le jardin. Il faut tirer M. le chevalier de ce cabinet où je le trouve toujours. Ne dirait-on pas que c'est un poste qu'on lui a donné à garder?

Le chevalier. Je ne le quitte qu'à regret : **M.** le comte l'a rempli de tant de choses rares et curieuses, qu'on ne peut s'y ennuyer un moment.

Le comte. Y pensez-vous, chevalier ? C'est à Paris, d'où vous sortez, qu'il faut chercher de quoi satisfaire ses yeux. Vous ne trouvez ici que la nature toute simple.

Le chevalier. Monsieur, elle est mille fois plus belle que Paris avec son faste et ses dorures. On se lasse bientôt de voir toujours la même chose. Ici c'est une variété étonnante : on y voit, je pense, tout ce qui vient dans les quatre parties du monde. Il faut, entre autres choses, que **M.** le comte ait rassemblé les animaux de toutes les espèces imaginables. Les uns y sont en nature, bien séchés et parfaitement conservés ; les autres y sont du moins en peinture. Mais rien ne me divertit plus que cette multitude de petits animaux en vie, dont les uns travaillent à la fenêtre, sous une ruche de verre ; les autres filent ou agissent à leur manière dans des vases de cristal. Qu'on a de plaisir à vivre à la campagne ! elle fournit tous les jours quelques nouveautés.

Le comte. Chacun a sa façon de penser. J'ai appris dans le service et dans le fracas du monde ce que vaut la retraite ; je l'aime et m'en trouve bien depuis longtemps. Ces différentes espèces d'amusements me la rendent agréable, je puis même dire utile ; mais, à l'âge où vous êtes, on

n'est guère tenté de faire l'anatomie d'un insecte,
et ce sont pour vous des objets bien peu intéres-
sants que des papillons, des vers à soie, des four-
mis ou des abeilles.

LE CHEVALIER. Depuis que vous m'avez montré
ces verres qui grossissent les petits objets, j'ai vu
dans les insectes des choses admirables. La seule
tête d'une mouche est pleine de bouquets et de
diamants; l'aile d'un moucheron, qui ne paraît
d'abord que comme un petit chiffon blanchâtre et
sans beauté, vue avec plus d'attention, se trouve
unie comme une glace et brillante comme l'arc-
en-ciel. J'ai une extrême impatience de voir de
près tout le reste.

LE COMTE. Vous voulez donc devenir un homme
singulier? Dites-moi, je vous prie, chevalier:
trouvez-vous quelqu'un dans le monde qui s'amuse
à étudier les insectes? on les écrase, du moins on
ne les regarde pas. Si vous alliez régler vos plaisirs sur les miens, vous prendriez là un fort mauvais modèle. Qu'un homme aime le tumulte de
Paris, qu'il soit fort occupé du soin de se donner
un équipage, un habit de goût, un bijou de forme
peu commune; qu'il ait dès le matin l'attention de
régler par écrit le service de sa table, qu'après ce
travail important il passe sa journée en visites ou
au jeu, le soir au spectacle ou au bal, voilà ce
qu'on appelle des plaisirs raisonnables; ce sont
ceux des honnêtes gens; il n'y a pas là de quoi se

plaindre. Mais qu'on passe, comme moi, les deux tiers de l'année à la campagne, qu'on y fasse son plaisir d'étudier les différentes parties de la nature, d'examiner, par exemple, la structure du corps d'un animal, de suivre une plante dans sa naissance et dans tous ses progrès, de s'assurer par des expériences réitérées à quoi elle peut être utile, que vous en semble, mon cher chevalier? cette façon de vivre n'est-elle pas bien sauvage et ne tient-elle pas beaucoup du philosophe rêveur!

LE CHEVALIER. J'entends, Monsieur; vous voulez me faire comprendre que les hommes jugent de travers, qu'ils estiment des bagatelles et qu'ils négligent ce qui est beau et satisfaisant.

LE COMTE. Puisque vous prenez si bien ma pensée, je vous parlerai sans détour. Le spectacle de la nature m'enchante, et j'y trouve tous les jours des plaisirs nouveaux jusque dans les moindres objets. Ne portons point d'abord nos yeux sur ces grands globes de feu qui roulent sur nos têtes, ni sur cette terre qui étale à nos yeux tant de richesses. Débutons, si vous voulez, par tout ce qu'il y a de plus petit; nous pourrons ensuite nous élever par degrés. La scène que nous voyons est magnifique, mais ce que notre vue ne peut saisir à la fois, nous le pouvons diviser et en jouir par partie.

Commençons par ces insectes qu'on méprise si fort, et que vous aimez tant. Je vous dirai qu'ils me réjouissent infiniment par leur diversité, par leurs inclinations, par leurs ruses, par les proportions surprenantes de leurs organes, et par cent curiosités que j'y observe. D'abord, si Dieu n'a pas jugé indigne de lui de les créer, est-il indigne de nous de les considérer? Lorsqu'on vient ensuite à les voir de plus près, on y découvre mille sujets d'étonnement. Jugez, mon cher chevalier, par ce qu'on y voit de plus commun et de plus sensible, combien ce qui demeure caché à nos yeux et à notre raison nous causerait de surprise, s'il nous était dévoilé.

LE PRIEUR. La petitesse des insectes semble d'abord autoriser le mépris qu'on en fait, mais c'est une nouvelle raison d'admirer l'art et le mécanisme de leur structure, qui allie tant de vaisseaux, de liqueurs et de mouvements dans un point souvent imperceptible. Le préjugé commun les regarde comme un effet du hasard ou comme le rebut de la nature, mais des yeux attentifs y aperçoivent une sagesse qui, bien loin de les négliger, a pris un soin tout particulier de les vêtir, de les armer, de les pourvoir de tous les instruments nécessaires à leur état.

Elle les a vêtus, et même avec complaisance, en prodiguant dans leurs robes, sur leurs ailes et dans leurs ornements de tête, l'azur, le vert, le rouge, l'or et l'argent, les diamants mêmes, les franges, les aigrettes et les panaches. Il ne faut que voir une mouche luisante, la cantharide, l'insecte qu'on nomme *demoiselle*, les papillons, une simple chenille, pour être frappé de cette magnificence.

La même sagesse qui s'est jouée dans leurs divers ajustements les a armés de pied en cap et les a mis en état de faire la guerre, d'attaquer et de se défendre. S'ils ne parviennent pas toujours ou à attraper ce qu'ils guettent, ou à éviter ce qui leur nuit, ils sont cependant pourvus de ce qui leur convenait le mieux pour y réussir. Ils ont la plupart de fortes dents, ou une double scie, ou un aiguillon et deux dards, ou de vigoureuses pinces. Une cuirasse d'écailles leur couvre et leur garantit tout le corps. Les plus délicats sont garnis par dehors d'un poil épais qui affaiblit les chocs qu'ils pourraient recevoir et les frottements qui les endommageraient. Presque tous trouvent leur salut dans l'agilité de leur fuite et savent se dérober au danger, ceux-ci par le secours de leurs ailes, ceux-là à l'aide d'un fil sur lequel ils se soutiennent en se jetant brusquement à bas des feuillages où ils vivent, et bien loin de l'ennemi qui les cherche; d'autres par le ressort de leurs pieds de derrière, dont la détente les élance sur-le-champ à une assez grande distance et les met hors d'insulte. Enfin, où la force manque, les ruses suppléent, et cette guerre continuelle que nous voyons entre les animaux, tout en fournissant à plusieurs leur nourriture ordinaire, en conserve cependant de toutes les espèces un nombre suffisant pour les perpétuer.

Vous êtes surpris sans doute de voir la nature si occupée de la parure et de l'équipage de guerre de ces insectes que nous dédaignons. Votre surprise serait tout autre si vous examiniez en détail l'artifice des organes qu'elle leur a donnés pour vivre, et les outils avec lesquels ils travaillent tous selon leur profession, car chacun d'eux a la sienne. Les uns savent filer et ont deux quenouilles et des doigts pour façonner leur fil; d'autres savent faire de la toile ou des filets, et sont pourvus pour cela de pelotons et de navettes. Il y en a qui bâtissent en bois, et ont reçu deux serpes pour faire leurs abattis. Il y en a qui travaillent en cire et dont l'atelier est garni de ratissoires, de cuillers et de truelles. La plupart ont une trompe qui, plus merveilleuse par ses divers usages que celle de l'éléphant, sert, aux uns, d'alambic pour distiller un sirop que l'homme n'a jamais pu imiter; à d'autres, de langue pour goûter; à quelques-uns, de vrille pour percer, et presqu'à tous, de chalumeau pour sucer. Plusieurs d'entre eux, outre la scie, ou la trompe, ou les tenailles dont ils ont la tête munie, portent à l'autre extrémité de leur corps une tarière qu'ils allongent, qu'ils tournent et retournent à discrétion, et par le secours de laquelle ils creusent des demeures commodes pour loger et nourrir leurs familles dans le cœur des fruits, sous l'écorce des arbres, dans l'épaisseur des feuilles ou des boutons, souvent même dans le bois le plus dur. Il en est peu qui, avec d'excellents yeux, ne soient encore pourvus de deux antennes qui mettent leurs yeux à couvert et qui, en devançant le corps dans sa marche, surtout dans les ténèbres, sondent le terrain et éprouvent par un sentiment vif et délicat ce qui pourrait les salir, les noyer ou les heurter. Si les antennes se mouillent dans quelque liqueur nuisible, ou se plient par la résistance de quelque corps dur, l'animal est averti du danger et se détourne. Tantôt les antennes sont composées de petits nœuds, comme celles que vous voyez à la tête des écrevisses; tantôt elles sont terminées en forme de peigne : d'autres les ont couvertes de petites plumes, ou veloutées et garnies de brosses pour être à couvert de l'humidité. Outre ces secours et bien d'autres qui se diversifient selon les espèces, la plupart des insectes ont encore reçu la faculté de voler. Quelques-uns, comme les *demoiselles*, ont quatre grandes ailes qui répondent à la longueur de leurs corps. D'autres, dont les ailes sont d'une finesse si grande, que le moindre frottement les pourrait déchirer, ont deux fortes écailles qu'ils élèvent et abaissent, comme si c'étaient deux ailes, mais qui servent réellement d'étui aux véritables. Vous en trouverez un grand nombre qui n'ont que deux ailes, mais, sous ces ailes vous apercevrez deux espèces de coquilles ou de bassins creux sous lesquels s'étendent deux maillets dont l'insecte se sert pour se maintenir contre l'agitation de l'air et demeurer en équilibre dans sa route, comme un danseur de corde à l'aide de son bâton plombé par les deux bouts.

LE COMTE. Mon cher chevalier, je vois bien à votre air attentif que nous ferons de vous un observateur.

LE CHEVALIER. Puisque vous me faites la grâce de me souffrir quelque temps auprès de vous, je vais devenir bien riche à vos dépens. Je vous ferai, M. le comte, avec votre permission, cent questions tous les jours. Je ferai passer tous les animaux en revue devant vous; je vous arrêterai à chaque brin d'herbe. Je ne vous laisserai ni paix ni repos que je ne vous aie dérobé toute votre science.

LE COMTE. Vous pouvez, tant qu'il vous plaira, nous livrer assaut : nous tâcherons de nous défendre.

LE CHEVALIER. Je vous prierai d'abord de vouloir, au retour de la promenade ou à votre commodité, me montrer dans le microscope ces habits, ces armes et ces outils dont vous m'avez dit tant de merveilles. A vous entendre, les insectes auraient des habits aussi beaux que les nôtres et des outils aussi bien faits que ceux qui viennent de nos meilleurs ouvriers.

LE PRIEUR. On peut bien, M. le chevalier, comparer, comme vous faites, les instruments et les
ajustements des insectes avec les nôtres; mais ce
doit être pour remarquer d'une part la grossièreté
de nos ouvrages, et de l'autre les richesses, la
justesse et la supériorité infinie qui brillent dans
ceux de la nature. Regardez avec une loupe la tête
d'une mouche commune : on ne peut se lasser de
voir une telle profusion d'or et de perles sur une
tête si peu importante, et de la comparer avec une
secrète compassion à d'autres têtes qui affectent
une semblable parure sans en pouvoir approcher.
Ce qui a été dit des lis des champs, on le peut appliquer aux mouches luisantes et à bien d'autres espèces : Salomon, dans toute sa gloire, n'était pas
couvert comme la moindre d'entre elles. Mais il
faut rappeler à M. le chevalier ce qu'il a déjà vu.
Vous souvenez-vous de ce que vous vîtes chez moi,
quand vous me fîtes l'amitié d'y venir? vous vous
saisîtes de mon microscope, qu'y avais-je mis?

LE CHEVALIER. Vous aviez mis d'un côté l'aiguillon d'une abeille collé sur un petit morceau de papier, et de l'autre une petite aiguille à coudre, si
fine, qu'on ne pouvait presque pas la manier.

LE PRIEUR. Que vous parut-il de l'aiguillon?

LE CHEVALIER. Il était d'un bout à l'autre du
plus beau poli, et sa pointe échappait à la vue.

LE PRIEUR. Remarquez cependant une chose
dont je ne vous parlai point alors : c'est qu'il s'y

trouve une petite ouverture par où l'abeille lance deux dards qui sont d'une finesse inexprimable, et pourtant très-forts et très-agissants; en sorte que ce qu'on vous a fait voir et ce qu'on voit ordinairement sortir du corps de l'abeille n'est pas proprement l'aiguillon, mais seulement l'étui de l'aiguillon ou une sorte d'amorçoir* pour proposer l'ouverture aux deux dards et pour les introduire plus avant. Et de la petite aiguille, que vous en sembla-t-il?

Le chevalier. Elle me parut émoussée, toute raboteuse et semblable à une barre de fer qui sort de la forge du serrurier.

Le prieur. La comparaison est juste. Eh bien! c'est la même chose partout. Dans ce que l'homme fait, vous ne verrez qu'inégalités, que crevasses, que rudesses. Tout s'y ressent des bornes de son industrie et de la grossièreté des instruments qu'il emploie : tout y paraît fait avec la serpe ou avec la truelle; tout y découvre un artisan mal habile, qui ne connaît pas la matière qu'il met en œuvre. Au contraire, les plus petits ouvrages du Créateur sont parfaits. Dans l'intérieur vous trouverez partout une liberté, une souplesse et des ressorts dont la structure, l'artifice et l'entretien sont connus de lui seul. Dans les dehors vous trouverez partout

* L'amorçoir est une tarière dont le charron se sert pour commencer les trous.

les plus beaux coups de pinceau, partout de la magnificence, de la symétrie, de la finesse et des grâces.

LE CHEVALIER. Voilà qui est résolu : tous les insectes que je verrai, je vais tomber dessus; je veux les connaître.

LE PRIEUR. Point de quartier surtout aux espèces dont les couleurs sont brillantes. Malheur à tout papillon, à toute mouche luisante qui se rencontrera en votre chemin ; gare la boîte ou le microscope ! mais, puisque M. le chevalier est si curieux de ce qui regarde les insectes, il est facile de le contenter. Entretenons-le tout de suite des différents états par où ils passent et de leurs différentes espèces.

LE COMTE. Je le veux bien. Commençons donc par leur naissance. Tout insecte, comme tout autre animal, provient d'un germe qui le contenait en petit, est né d'une mère.....

LE CHEVALIER. Quoi! Monsieur, un insecte, un ver qui rampe, a eu une mère, comme un lion provient d'une lionne?

LE COMTE. La chose est hors de doute : un lion a eu une mère, cette mère a eu la sienne, celle-ci une autre, et toutes ces générations vont se réunir en la première lionne que Dieu a mise sur la terre. Il en est de même de chaque espèce d'insecte; les générations en sont également successives, régulières et constantes. L'opinion vulgaire que les

insectes naissent de corruption, est injurieuse au
Créateur et déshonore notre raison; car, si l'on y
fait la moindre attention, ces petits animaux, qui
sont construits avec tant d'art et d'agrément, qui
sont pourvus avec tant de précaution de tous les
instruments dont ils ont besoin, et qui se perpé-
tuent sous une forme qui ne varie jamais, ou c'est
une sagesse toute-puissante qui les produit, ou
bien c'est le hasard et le concours fortuit de quelques humeurs altérées et déplacées. Or il est de
la dernière absurdité de penser que le hasard
agisse, et il ne l'est pas moins de dire que le
hasard agisse avec dessein, avec précaution, avec
uniformité. Ainsi la même sagesse qui se fait admirer dans la structure du corps humain, se trouve
dans la composition du corps d'un insecte. Il reste
à savoir si ces insectes naissent par l'effet d'une
création extraordinaire et nouvelle en chaque endroit où ils paraissent, ou bien s'ils viennent de
germes que Dieu aurait mis dès le commencement
dans chaque espèce, et dans lesquels il aurait
dessiné et ordonné en petit les organes des animaux futurs, pour être développés dans le temps.
Ce dernier sentiment paraît le plus conforme à la
raison, à l'expérience, à la toute-puissance de
Dieu et à l'Écriture, qui nous apprend que Dieu
commanda dès le commencement que chaque
plante eût en soi le germe de son semblable et
que chaque animal se multipliât selon son espèce.

LE CHEVALIER. Je commence à voir que les choses sont comme vous le dites. On a cependant de la peine à s'ôter de l'esprit que la corruption engendre les insectes ; car, dès qu'un morceau de bois se pourrit ou qu'une viande se gâte, on y en voit une fourmilière : comment y prennent-ils naissance ?

LE COMTE. Rien n'est plus naturel : ils y naissent, parce que d'autres insectes y ont déposé leurs œufs.

LE CHEVALIER. Mais il faut donc, Monsieur, qu'ils en mettent partout et que tout soit plein d'œufs, autrement il y a bien des choses qui se corrompraient sans qu'on y vît paraître des vers.

LE PRIEUR. Ce qui embarrasse M. le chevalier, c'est de voir paraître ces vers à point nommé dans ce qui se corrompt. Par là il est porté à croire que les œufs sont dispersés partout, mais qu'ils éclosent seulement là où ils trouvent des sucs propres à les gonfler et à nourrir les germes.

LE CHEVALIER. J'ai ouï dire à M. le comte que les petites graines des plantes étaient emportées par le vent, qu'elles se répandaient partout, et qu'elles germaient enfin dans les endroits où elles rencontraient les sucs qui leur sont convenables. Ne peut-on pas croire aussi que les œufs des insectes sont emportés partout et que....

LE COMTE. Ne vous l'avais-je pas dit, que nous ferions de vous un philosophe ? Monsieur votre père et monsieur votre gouverneur, à leur retour, trouveront en vous un physicien tout formé. Je suis fort aise, mon cher chevalier, que vous ayez fait ce raisonnement : c'est celui de bien des anciens et de bien des modernes. Mais n'en soyez cependant pas trop glorieux; car la comparaison du transport des graines des plantes avec celui des œufs des insectes, quoiqu'elle ait un air très-spécieux, ne se trouve pas exacte; je vous en ais juge vous-même :

La plante qui porte les graines tient à la terre, elle ne peut les aller porter ailleurs; c'est pourquoi le Créateur a donné des ailes à ces graines, afin qu'elles ne tombassent pas toutes dans un même endroit. Les unes rompent leurs gousses avec éclat et s'éparpillent à une assez grande distance; d'autres ont réellement de petites ailes qui les emportent bien loin, à l'aide du vent, et plusieurs ont avec cela de petits crochets qui les attachent quelque part malgré le vent. L'intention de l'auteur de la nature ne pouvait être mieux marquée. Elle ne l'est pas moins dans la disposition des œufs des insectes, mais c'est d'une façon toute contraire. Partout où vous en rencontrerez, vous les trouverez attachés avec une colle si forte, qu'il est quelquefois impossible de les détacher sans les rompre, ou enfermés dans des logettes de différente façon, mais qui toutes sont construites avec art et défendues avec précaution : ce qui montre que l'intention de la nature n'est pas que ces œufs courent partout, mais plutôt qu'ils ne courent nulle part et qu'ils s'arrêtent en un seul endroit.

LE CHEVALIER. Adieu ma comparaison, j'y renonce.

LE COMTE. Je ne vous ai pas encore fait entendre suffisamment la différence qu'il y a entre la situation des germes des plantes et la situation de ceux des insectes. Le transport des premiers est abandonné au vent. On comprend par là qu'ils doivent courir partout et n'éclore cependant pas partout; mais seulement là où ils trouveront des sucs proportionnés à la petitesse de leurs pores. Il en est tout autrement des œufs des insectes. Ils n'ont point d'ailes pour être transportés, mais ce sont les pères et les mères qui en ont, pour leur chercher une place convenable. Si vous voyez donc les insectes naître à point nommé dans un corps, aussitôt qu'il se corrompt, ce n'est ni parce que la corruption engendre des animaux, ni parce que les œufs des insectes sont répandus partout; mais uniquement parce qu'il y a des mères qui savent qu'un corps altéré et corrompu est plus propre qu'un autre pour nourrir leurs petits. L'odeur qui s'en exhale au loin les attire. En général le choix que les mères font d'une place qui abonde en nourriture convenable à leurs petits, pour y faire leur ponte préférablement à tout autre endroit, n'est pas moins propre que l'organisation même de ces petits, pour vous démontrer que la corruption n'engendre rien, que le hasard ne fait rien, mais que tout a sa place, sa destination et son entretien marqués dans la nature.

LE PRIEUR. Assurément, si le hasard ne se mêle en aucune sorte de placer les œufs des insectes, moins encore se mêle-t-il de les former.

LE COMTE. Rien ne se fait ici à l'aventure. Les mouvements des petits animaux nous paraissent capricieux et fortuits, mais ils tendent aussi réellement à un but que ceux des plus grands. La prudence que nous admirons dans un renard pour s'assurer une bonne tanière, l'industrie que nous remarquons dans un oiseau pour se fabriquer un nid commode, nous la trouvons dans le moucheron pour loger avantageusement sa petite postérité. Nul insecte n'abandonne ses œufs au hasard. Les mères ne se méprennent jamais, et si le petit trouve sa nourriture au sortir de l'œuf, c'est parce que la mère a choisi précisément le lieu qu'il lui fallait pour le faire vivre. Dans le pays où le ver à soie se nourrit en liberté dans les campagnes, on trouvera ses œufs sur le mûrier, jamais autre part. On ne trouvera jamais sur un chou les œufs des chenilles qui rongent le saule, ni sur le saule les œufs de la chenille qui ronge le chou. La teigne cherche les rideaux, les étoffes de laine, les peaux dégraissées; on ne la trouvera jamais sur une plante, ni dans le bois, ni dans une viande qui se corrompt. C'est au contraire dans cette viande que la mouche *bleue* vient déposer ses œufs. Quel intérêt l'y attire ? Ne seraient-ils pas mieux dans une belle porcelaine qu'elle a toujours à sa disposition ?

LE PRIEUR. Il est évident que la corruption n'engendre rien. Beaucoup d'insectes cherchent même toute autre chose que la corruption pour loger et couvrir leurs petits : et s'il y en a qui y trouvent leur vie, il n'est pas plus surprenant de leur voir poser leurs œufs sur un corps près de se corrompre, que de voir une mère de famille avec ses enfants se trouver la faucille à la main au milieu des blés quand ils sont mûrs. Toute la nature est pleine d'animaux qui sont fixés les uns à une nourriture, les autres à une autre. Tous ont les yeux ouverts sur leur proie, et rien n'échappe à leur pénétration.

LE CHEVALIER. J'entrevois à présent bien plus d'ordre et de dessein dans les mouvements des plus petits animaux que je n'y en croyais auparavant.

LE PRIEUR. A mesure que nous descendrons dans le détail, quelque prodigieuse que soit la diversité des espèces et de leurs manières de naître et de subsister, vous sentirez partout la même sagesse qui a inspiré à toutes les mères une tendre sollicitude pour leur postérité, et qui a, pour ainsi dire, travaillé sur un même plan, en rappelant toutes les espèces à une même origine; je veux dire à la génération par les œufs ou par les germes qu'elle a mis en chacune d'elles.

LE COMTE. Il y a une infinité de ces petits animaux qui sont composés de deux ou trois corps, organisés tout différemment, dont le second se développe après le premier, et dont le troisième naît du second. Ce sont comme autant de métamorphoses.

LE CHEVALIER. Ces changements me sont entièrement inconnus.

LE COMTE. Quelle serait votre surprise si je vous disais qu'il y a un pays où l'on trouve une multitude d'animaux de différentes formes, qui vivent les uns sous terre, les autres dans l'eau; qui changent ensuite de figure et viennent habiter sur la terre, rampant comme des serpents dans les bois et dans les campagnes; qui, après un certain temps, cessent de manger et se construisent une maison ou un tombeau, où ils demeurent ensevelis plusieurs semaines, quelques-uns plusieurs mois et même des années entières, sans mouvement, sans action et en apparence sans vie; qui après cela ressuscitent, sont changés en oiseaux, rompent la muraille de leur tombeau, étalent au soleil les plumes les plus brillantes, étendent leurs ailes et deviennent enfin habitants de l'air.

LE CHEVALIER. Je voudrais savoir quel est ce

pays et comment se nomment ces oiseaux. Mais j'ai bien de la peine à croire que.....

LE COMTE. Rien au monde n'est plus certain. Ce pays-là c'est le nôtre, et ces animaux sont les insectes que nous avons tous les jours devant les yeux.

LE CHEVALIER. Quoi ! les mouches, les chenilles, les guêpes, les abeilles ?

LE COMTE. Oui, justement.

LE CHEVALIER. Quel changement leur arrive-t-il donc, s'il vous plaît ?

LE COMTE. Ces insectes et bien d'autres, au sortir de l'œuf, ne sont autre chose que des vermisseaux, les uns sans pieds, les autres avec des pieds. Ceux qui sont sans pieds sont à la charge des pères et des mères, qui prennent soin de leur apporter à vivre ou de les poser à portée de ce qui est propre à les nourrir. Ceux qui ont des pieds vont eux-mêmes chercher leur nourriture sur les feuilles de l'arbre qui leur convient, et qui est justement celui où la mère les a placés. Ils grossissent en peu de temps très-sensiblement. Plusieurs quittent leur habit et se rajeunissent en paraissant cinq ou six fois sous une peau toute nouvelle. Tous ensuite (souvenez-vous que je parle de ceux qui subissent des changements), tous passent par le moyen état, qui est celui de *nymphe* ou de *chrysalide*. Ce sont différents noms qui expriment à peu près la même chose et qu'il faut vous expliquer. Le vermisseau, après un certain temps, cesse de manger, s'enferme dans une sorte de petit sépulcre qui varie selon les espèces, mais qui se façonne d'une manière uniforme dans chaque espèce. C'est là que, sous une enveloppe qui préserve son extrême délicatesse de toute insulte, il acquiert une nouvelle conception et une nouvelle naissance. On lui donne alors le nom de *nymphe*, qui signifie *jeune mariée*, parce que c'est dans cet état que l'insecte prend ses plus beaux atours et la dernière forme sous laquelle il doit paraître pour multiplier son espèce. On lui donne le nom de *chrysalide*, ou d'*aurélie*, ou de *nymphe dorée*, parce que la pellicule plus ou moins dure dont il est alors revêtu prend dans certaines espèces une couleur aussi brillante que celle de l'or. Le terme de *coque* est plus ordinairement employé pour signifier ces pelotes de fil et de glu sous lesquelles les vers à soie et certaines chenilles se renferment lorsqu'ils deviennent nymphes.

Enfin leur quatrième et dernier état, la grande et dernière métamorphose qui leur arrive, c'est lorsqu'ils sortent de leur tombeau, et que, devenus insectes parfaits, ils percent les enveloppes qui les retiennent, font sortir les panaches dont leur tête est ornée, déplient leurs ailes et..... Mais remettons à demain la merveille de leur résurrection. Il faut laisser le temps à notre cher chevalier d'aller faire un tour de chasse. Voilà l'heure de l'affût.

LE CHEVALIER. Non, Monsieur, continuez, je vous en supplie. On m'a fait voir quelquefois de ces chrysalides en forme de poupées, sous lesquelles les chenilles s'ensevelissent. Mais je les croyais mortes sans ressource, et personne ne m'a détrompé. Vous me feriez grand plaisir de me dire en quoi elles se changent.

LE COMTE. Demain nous entrerons dans ce détail. Je suis ravi que vous preniez goût à nos métamorphoses; mais je veux leur donner un nouveau mérite.

LE CHEVALIER. Lequel, Monsieur?

LE COMTE. Celui d'être désirées. Laissons-les pour un autre entretien. Cela vous attriste, mon cher chevalier; j'en suis charmé, je vous assure. Il y en a bien à votre âge que la fin de ce discours réjouirait.

SECOND ENTRETIEN.

Les chenilles.

M. LE COMTE ET Mme LA COMTESSE, M. LE PRIEUR,
M. LE CHEVALIER.

LE COMTE. Je ne vois plus personne ici ; la
compagnie qui était avec Madame s'est apparemment retirée. Entrons dans ce berceau et continuons l'histoire de nos insectes.

LE PRIEUR. M. le chevalier m'a lu ce matin un
précis de notre conversation d'hier, dont je suis
sûr, Monsieur, que vous serez très-content. Il y
démontre fort bien que la corruption aurait la puissance et la sagesse en partage si elle était l'ouvrière d'un corps organisé. Il a également bien

rendu raison du choix que font les mères des différents endroits où l'on trouve leurs œufs, et n'a pas moins exactement détaillé les différents états par lesquels passent la plupart des insectes.

LE COMTE. Il faut faire le chevalier secrétaire de la compagnie, j'y trouverai mon compte. Lorsque quelque affaire m'appellera ailleurs, je saurai par son moyen ce qui se sera dit à votre conférence.

LE PRIEUR. M. le chevalier, puisque vous savez déjà penser vous-même et donner de la netteté et des grâces aux pensées des autres, voilà qui est fait, vous serez le Fontenelle de notre académie.

LE COMTE. Où en demeurâmes-nous hier?

LE CHEVALIER. Vous aviez amené les insectes qui changent d'état à celui de nymphe, et vous les en tiriez en les convertissant, par une espèce de résurrection ou de métamorphose, en d'autres animaux vivants. Je voudrais bien savoir s'ils meurent réellement avant de changer.

LE COMTE. Ne peut-on pas trancher le mot et dire que l'insecte pour se changer en nymphe meurt véritablement? Il est lui-même un vrai animal qui a un corps, des intestins, des pieds, des yeux, en un mot toutes sortes de membres qui lui sont propres, et la plupart différents de ceux de l'animal volant qui succèdera. Il se défait de sa tête, de ses yeux et de son corps; c'est donc une mort véritable. Mais cette mort est le principe d'un nouvel être, le commencement d'un nouvel ordre de choses. Lorsque le ver est détruit, il en provient une mouche; de la chenille il provient un papillon, et d'autres insectes rampants il provient d'autres insectes volants. Il est vrai que l'animal précédent servait de fourreau à un embryon vivant qui demeure et se perfectionne après la destruction du premier. Il est encore vrai qu'on peut avoir découvert le dernier sous la peau du précédent qui lui servait d'enveloppe; mais le premier est un vrai animal qui se sèche et se détruit pour faire place au second.

LE PRIEUR. Quoi qu'il en soit, il faut pourtant remarquer que ce second ne lui est point étranger, qu'il le regarde comme faisant partie de lui-même, ou comme un autre lui-même en qui il revivra. Le soin empressé avec lequel il travaille à la retraite qui recevra la dépouille du vieil insecte, marque assez qu'il s'attend à quelque chose de mieux et de plus relevé. Il n'est pas effrayé de cette espèce de mort qui est pour lui un passage à un état plus brillant; et, bien loin qu'il s'épouvante à la vue de son drap mortuaire, il le continue avec gaieté et assiduité; il épuise même ses forces et sa substance pour l'achever, et l'on peut dire qu'il meurt, comme on le dit du grain de froment qui se dissipe ou s'épuise sous terre pour nourrir le germe qui en sort.

LE COMTE. Quittons la thèse générale et venons aux espèces particulières. Il y a des insectes qui ne vivent que de verdure, beaucoup vivent dans le bois qu'ils rongent; d'autres ne subsistent que dans l'eau ou dans certaines liqueurs; plusieurs enfin rongent la substance des autres animaux. Dans une matière si étendue, choisissons quelques espèces qui nous soient familières. M. le chevalier connaît les chenilles et les vers à soie?

LE CHEVALIER. Il y a longtemps que je souhaite savoir quelle est la matière qu'ils filent et quelle est la forme de leur quenouille... Mais j'aperçois Mme la comtesse derrière le berceau; allons la recevoir.

LA COMTESSE. Messieurs, puisque dans votre conférence il est question de quenouille et de fil, j'ai quelque droit d'y venir prendre séance. On peut vous demander le sujet qui vous occupait?

LE COMTE. Nous en étions sur les vers à soie et sur les autres chenilles dont on connaît déjà un nombre considérable. Leur taille, leur couleur, leurs inclinations, leur façon de vivre, tout varie d'une espèce à l'autre, mais tout est parfaitement uniforme dans la même espèce. Les chenilles ont, en général, un corps allongé plus ou moins cylindrique, mou, diversement coloré, tantôt glabre, tantôt hérissé de poils, de tubercules ou d'épines, et formé de douze segments en y comprenant la tête. Celle-ci porte de petits yeux lisses, des antennes très-courtes et une bouche composée de fortes mandibules, de deux mâchoires, d'une lèvre, etc.; au bout de cette lèvre on voit un mamelon tubulaire et conique qui sert de filière pour l'issue d'un fil de soie dont la matière est élaborée dans deux vaisseaux intérieurs, longs et sinueux, qui viennent, en s'amincissant, aboutir à cette lèvre.

On trouve sur le corps des chenilles toutes les couleurs connues, avec une infinité de nuances dont on rencontrerait difficilement ailleurs des exemples. Les unes ne sont que d'une seule couleur; d'autres sont parées de plusieurs couleurs différentes, les plus vives et les plus tranchées. Ces teintes si belles sont distribuées avec un art admirable, tantôt par bandes qui suivent la longueur du corps ou le contour des anneaux, tantôt par ondes ou taches, de figure régulière ou irrégulière; d'autres fois ce sont des points formant une mosaïque impossible à décrire. Il en est qui sont ornées de tubercules d'un bleu céleste sur un fond brun-clair; d'autres portent des tubercules de couleur turquoise sur un fond vert-doré; d'autres ont des tubercules roses sur un fond du plus beau vert tendre; d'autres encore ont le corps garni d'épines brunes, noires, jaunes, violettes et de vingt autres nuances, et ces épines sont toujours disposées symétriquement, dans le sens de la longueur du corps ou suivant son contour; d'autres enfin sont vêtues de velours, ou se distinguent par des bouquets, par des houppes ou des aigrettes les plus diversifiées et les plus élégantes, offrant, avec la peau différemment peinte, un mélange de couleurs de la plus admirable beauté.

Il y a des naturalistes qui croient que la couleur même des chenilles est un des meilleurs préservatifs qui aient été donnés à plusieurs d'entre elles pour se garantir des oiseaux, qui n'ont point de nourriture plus délicate et plus propre pour leurs petits.

LE CHEVALIER. Monsieur veut-il parler de ces petites taches brillantes dont elles ont le dos moucheté?

LE COMTE. Non; ces taches tout au contraire servent à les faire distinguer, surtout quand elles sont vues de près. Mais plusieurs espèces ont un fond de couleur principale, qui est la même que celle des feuillages dont elles se nourrissent, ou des petites branches sur lesquelles elles s'arrêtent quand elles muent. La chenille qui vit sur le nerprun est aussi verte que le nerprun; celle qui vit sur le sureau est de la couleur du bois de sureau; vous en trouverez plusieurs sur les pommiers et sur les buissons d'une couleur aussi rembrunie que les bois de ces plantes. Elles ont grand soin de quitter les feuilles et se retirent prudemment le long des branches quand le temps de leur mue est venu. Par là elles sont confondues avec ce qui les soutient; elles sont moins aperçues, et échappent pendant leur long sommeil aux oiseaux qui les cherchent.

Le chevalier. Mais, Monsieur, à quoi sert-il que la nature ait donné un bec aux oiseaux pour prendre leur proie, si cette proie a cent moyens pour les éviter?

La comtesse. M. le prieur ne trouve-t-il pas là une contradiction?

Le prieur. Il est vrai que cette espèce de contradiction se fait sentir et qu'elle règne dans toute la nature, mais elle est l'effet d'une sagesse qui ne se fait pas moins sentir. Cette contradiction prétendue est ce qui tient toute la nature en action et en exercice. Tous les animaux sont occupés à attaquer et à se défendre; la nature leur a donné à tous des armes offensives et défensives. Par ce moyen, ils trouvent tous de quoi vivre, et cependant il en demeure assez pour perpétuer les espèces. Toutes les familles sont nourries, toutes les tables sont servies aujourd'hui, et il reste encore des provisions pour plusieurs jours. N'y a-t-il pas une sorte de contradiction à permettre aux pêcheurs de prendre du poisson et à exiger d'eux qu'ils n'emploient que des filets à larges mailles, au travers desquelles il s'échappe une foule de petits et même de moyens poissons? C'est cependant la précaution d'un sage gouvernement qui envisage à la fois la nécessité présente et les besoins de l'avenir. La nature a donné des filets à tous les animaux; elle leur a permis à tous de pêcher et de vivre, mais elle a sagement réglé la largeur des mailles. Il y a tous les jours beaucoup de poissons de pris, mais il s'en sauve toujours plus qu'on n'en prend, soit qu'ils passent au travers des mailles, soit qu'ils ne soient pas attaqués.

LA COMTESSE. M. le chevalier, nous nous connaissons mal en contradiction. Quand vous faites partir vos chiens après un lièvre et que ce lièvre emploie cent ruses pour leur échapper, trouvez-vous là de la contradiction?

LE CHEVALIER. Point du tout. Rien au contraire n'est plus naturel ni mieux ordonné. Si les lièvres ne défendaient pas leur vie, nos lévriers n'auraient plus rien à faire.

LE COMTE. Ce que vous remarquez du lièvre et du chien, vous pouvez le dire des autres animaux et des insectes mêmes. La nature, en mettant les uns en état d'attaquer et de prendre, n'a pas laissé les autres sans défense; les plus petits ont leurs préservatifs. Vous voyez que les chenilles, quelque faibles qu'elles soient, n'en sont point dépourvues. Elles y joignent même de petites ruses et de sages précautions. Par exemple, vous les verrez plutôt sous les feuilles qu'elles rongent que dessus, pour n'être pas aperçues des oiseaux. Souvent elles font devant l'oiseau ce que la souris fait devant le chat: la chenille contrefait la morte, elle amuse l'ennemi, elle le rend négligent et

trouve un moment de distraction dont elle profite pour se cacher; on en voit d'autres s'étendre,
demeurer sans mouvement et faire semblant de
dormir. Tous les insectes ont leur méthode; tous
aussi ont leur nourriture propre qu'ils ne changent point. Chaque espèce de chenille a reçu
ordre de se contenter d'une certaine plante, ordre
auquel elle est si fidèle, qu'elle se laissera plutôt
mourir de faim que de toucher à un autre feuillage, à moins qu'on ne lui en offre dont les qualités sympathisent avec celle de son pain ordinaire. Il faut excepter de cette règle quelques
espèces moins dégoûtées et qui s'accommodent
de tout.

Le chevalier. Monsieur, n'y a-t-il pas là un inconvénient? Si la plante qui est assignée à une certaine espèce de chenille vient à manquer, cette
espèce manquera aussi. Pourquoi les borner si
fort ?

La comtesse. Monsieur le chevalier, vous criti-
quez la nature où il faut assurément la remercier.
Si nos pommiers qui n'ont à présent que quelques
espèces de chenilles pour ennemies, en avaient
deux ou trois cents, jugez combien nos desserts
en souffriraient. Il a été sagement défendu aux
chenilles de faire du mal au delà de certaines
bornes.

Le chevalier. J'ai tort de me plaindre de ce
côté-là, puisque c'est notre avantage, et je devrais

plutôt demander pourquoi certaines espèces se multiplient quelquefois de manière à ravager tout. Il y a quelques années que l'espèce qui aime les pommiers n'y laissa pas une feuille. Les pommiers étaient tout couverts de fruits qui se séchèrent bien vite et périrent tous. En général quelle est l'utilité des chenilles? Il me semble qu'on s'en passerait bien.

LE PRIEUR. Elles ne sont rien moins qu'inutiles. Supprimez les chenilles et les vermisseaux, vous ôtez la vie aux oiseaux. Ceux que nous mangeons et ceux qui nous divertissent par leurs chants, n'ont point d'autre lait durant leur enfance. Ils adressent alors leurs cris au Seigneur*, et il multiplie pour eux une nourriture proportionnée à leur extrême délicatesse : c'est pour eux qu'il disperse partout les vermisseaux et les chenilles.

LE COMTE. Les petits oiseaux ne sortent en effet de leurs œufs que quand les chenilles sont aux champs, et les chenilles disparaissent quand les petits, devenus forts, ont besoin ou peuvent se contenter d'une autre nourriture. Avant le mois d'avril, point de chenilles ni de couvées : au mois d'août ou de septembre, plus ou presque plus de couvées ni de chenilles. La terre alors se couvre de graines et d'autres vivres de toute espèce.

LE PRIEUR. Les oiseaux jusque-là ont eu leur pro-

---

* Ps. CXLIX, 9.

vision assignée sur les chenilles, il était juste que
celles-ci eussent aussi une nourriture assurée; on
la leur a donnée à prendre sur les plantes. Elles
ont leur droit comme nous sur la verdure de la
terre. Elles ont un titre certain dans la permission
que Dieu accorda dès le commencement à tout ce
qui rampe sur la terre, de tirer sa nourriture des
plantes qu'elle produit, et leur charte est en aussi
bonne forme que la nôtre, puisque c'est précisément la même *.

Cette association des insectes avec l'homme dans
la permission de faire usage de l'herbe et des fruits
de la terre lui devient quelquefois incommode. Mais
c'est un mal prévu et ordonné. L'homme n'a pas
seulement besoin de vivre, il a besoin aussi d'être
instruit. Son ingratitude est confondue, quand les
insectes lui viennent enlever ce que Dieu avait
libéralement étalé à ses yeux. Son orgueil ne l'est
pas moins quand le Seigneur fait marcher les ar-
mées vengeresses, et qu'il appelle contre l'homme
la chenille, la sauterelle ou la mouche, au lieu de
faire venir les lions, les tigres ou d'autres animaux
malfaisants. Pour humilier des hommes qui se
croient riches, grands, indépendants, quels instruments emploie-t-il? des vermisseaux et des
mouches. Vous voyez, mon cher chevalier, que
celui qui a créé la mouche et la chenille, est le

* Gen. 1, 29, 30.

même que celui qui a fait le lion et le tigre. Il leur a préparé à tous une nourriture propre, parce qu'il sait l'usage qu'il en veut faire. « Tout ce qu'il a fait est bon en son temps : * » et quand notre faible raison ne pénètrerait pas les motifs de ses ouvrages, nous appartient-il pour cela d'en retrancher quelque chose, ou de vouloir y ajouter? Mais on va dire que je prêche. Eh bien! revenons à l'histoire de nos chenilles. Monsieur le comte voudrait-il nous les montrer occupées à la construction de leur tombeau?

LA COMTESSE. On n'attend rien de moi, aussi ne me demande-t-on rien. Mais je veux à mon tour être bonne à quelque chose. Souffrez que j'envoie prendre dans mon cabinet une boîte qui me tiendra lieu ici d'un beau discours. Vos yeux du moins y trouveront de quoi se satisfaire. En attendant, voyons l'ensevelissement des chenilles.

LE COMTE. Vers la fin de l'été, quelquefois auparavant, les chenilles, après s'être rassasiées de verdure et avoir changé de peau plusieurs fois, cessent de manger et se mettent à bâtir une retraite pour y quitter la vie ou l'état de chenilles et pour faire éclore le papillon qu'elles contiennent. Peu de jours suffisent à quelques-unes pour passer à une nouvelle vie; d'autres demeurent des mois et des années entières dans leur tombeau. Il y a

* Eccles. III, 11.

des espèces qui s'enfoncent un peu sous terre après s'être rassasiées. Là elles s'agitent et déchirent leur robe, qui, avec la tête, les pattes et les entrailles, se ride et se retire comme un parchemin desséché. Il demeure une petite fève, ou une sorte d'étui de couleur brune, de figure ovale et terminé vers la partie la plus pointue par plusieurs boucles mouvantes qui vont toujours en diminuant. C'est dans cette chrysalide qu'est renfermé l'embryon du papillon avec des liqueurs propres à le nourrir et à le perfectionner. Quand il est entièrement formé et qu'une douce chaleur l'invite à sortir de prison, il rompt le gros bout de son étui qui répond toujours à sa tête et qui se trouve toujours assez faible pour s'ouvrir au premier effort.

D'autres chenilles, au lieu de se glisser sous terre, vont se loger sous des avances de toits, dans les trous des murs, sous l'écorce des arbres, dans le cœur même du bois. Toutes savent trouver un abri sûr pour le temps où elles seront en chrysalides.

Il y en a d'autres qui se suspendent avec adresse aux toits, aux armoires, au premier pieu qu'elles rencontrent.

Une espèce de chenilles bien connue est celle qu'on trouve par paquets sur l'orme, sur le pommier, sur les buissons. Le papillon qui en provient choisit quelque belle feuille sur laquelle il attache ses œufs en automne et meurt après, couché et collé sur sa chère famille. Le soleil, qui a encore de la force, échauffe les œufs. Il en sort avant l'hiver, tout au contraire des autres, quantité de petites chenilles, qui, sans jamais avoir vu leur mère, sans leçon et sans modèle, se mettent toutes à filer à l'envi, et de leurs fils se font des lits et un logement très-spacieux où elles passent la froide saison, distribuées en différentes chambrettes, sans manger et souvent sans sortir ; on ne trouve qu'une petite issue au bas de la demeure, par où la famille prend quelquefois l'air vers midi, quand il fait un beau soleil : d'autres ne le font que la nuit, lorsque le temps est sûr. Quand on veut ouvrir leur retraite, il faut faire effort pour rompre le tissu de leur toile, qui est ferme comme un parchemin, et impénétrable à la pluie, au vent et au froid. On les trouve mollement couchées sur un duvet très-épais, et environnées de plusieurs bandes de cette toile qui leur sert de couverture, de rideau et de tente.

Le chevalier. C'est une chose bien étonnante de voir des animaux si délicats passer ainsi l'hiver ; mais je suis encore plus étonné de le leur voir passer sans manger.

Le comte. Il y a bien des espèces d'oiseaux, de reptiles et d'insectes, qui dorment de la sorte ou sont engourdis plusieurs mois de suite, et qui, ne faisant aucune dissipation d'esprits animaux, n'ont pas besoin de réparer leurs forces par la nourriture.

Le prieur. Si vous voulez connaître les différentes espèces de chenilles, leurs inclinations et toutes leurs propriétés, vous pourrez, quand vous demeurerez à la campagne, en faire recueillir de toutes les sortes dans des boîtes, où vous aurez soin de leur donner la verdure sur laquelle on les aura vues manger, et de la faire renouveler tous les jours. Il n'est pas croyable combien la diversité et la régularité de leurs opérations vous paraîtront amusantes.

La comtesse. Il me semble déjà voir monsieur le chevalier coller ses yeux sur les coques les plus avancées et attendre avec impatience le moment de la résurrection.

Le prieur. Eh! qui pourrait n'être pas frappé de ce petit miracle de la nature? Qu'on ouvre une de ces chrysalides, vous croirez n'y voir qu'une sorte de pourriture où tout est confondu. C'est cependant dans cette pourriture apparente qu'est le germe d'une meilleure vie. Ce sont des liqueurs nourricières qui donnent l'accroissement à un animal plus parfait. Le temps de sa délivrance arrive enfin. Il perce la prison qui le retient; la tête se dégage par l'ouverture, les antennes s'allongent, les pattes et les ailes s'étendent, le papillon vole et ne conserve rien de son premier état. La chenille qui s'est changée en nymphe et le papillon qui en sort sont deux animaux totalement différents. Le premier n'avait rien que de terrestre et rampait avec pesanteur; le second est l'agilité même, il ne tient plus à la terre, il dédaigne en quelque sorte de s'y poser. Celui-là était hérissé et souvent d'un aspect hideux; celui-ci est paré des plus vives couleurs. L'un se bornait stupidement à une nourriture grossière; l'autre va de fleur en fleur; il vit de miel et de rosée, et varie continuellement ses plaisirs; il jouit en liberté de toute la nature, et il l'embellit lui-même.

LA COMTESSE. Monsieur le prieur, voilà une image bien agréable de notre propre résurrection.

LE PRIEUR. Toute la nature est pleine de traits qui nous aident à concevoir les choses célestes et les vérités les plus sublimes. Il y a un profit certain à l'étudier, et c'est une théologie qui est toujours bien reçue. Le plus grand de tous les maîtres, ou plutôt notre unique maître nous a enseigné cette méthode en tirant la plupart de ses instructions des objets les plus communs que la nature lui présentait, et il nous a montré en particulier l'image du fruit de sa mort dans le grain de froment, qui demeure seul tant qu'il ne meurt pas, mais qui, étant pourri et mort en terre, produit beaucoup de fruit*.

LA COMTESSE. Quand l'étude des changements qui arrivent aux insectes ne vous aurait valu qu'une comparaison sensible, ce n'est pas perdre vos peines; mais on nous apporte la caisse que je vou—

---

* Saint Jean, XII, 24.

lais vous faire voir. Monsieur le chevalier, en voici la clef, ouvrez et divertissez-vous.

LE CHEVALIER. Sont-ce des chenilles qui travaillent là dedans?

LA COMTESSE. Non, ce sont des ressuscités du peuple chenille, mais des ressuscités à qui l'on n'a pas accordé l'immortalité avec la nouvelle vie. J'ai rassemblé ici, sur différentes tablettes, toutes les espèces de papillons que j'ai pu avoir. Comme l'on m'a enseigné le dessin d'assez bonne heure, j'ai représenté sous chaque tablette les mêmes papillons d'après nature, en les accompagnant chacun de la chenille et de la chrysalide qui s'y rapportent, selon leur couleur et leur grandeur naturelles. Ces tablettes vont et viennent sur leur coulisse. Tirez-en une à l'aventure.

LE CHEVALIER. Oh! les charmantes couleurs! voyons ces tablettes de suite, je vous prie, et commençons par la première.

LA COMTESSE. J'y ai rangé sur un satin blanc les papillons de nuit. Les couleurs et les nuances en sont douces et agréables, mais peu éclatantes pour l'ordinaire, et ont besoin du relief que leur donne le blanc pour être mieux aperçues. Ceux que vous voyez sur la première tablette représentent les teignes qui rongent les étoffes.

LE CHEVALIER. Elles sont dans une espèce de manchon hors duquel elles allongent la tête et le corps.

LA COMTESSE. Ce manchon est une loge qu'elles se fabriquent elles-mêmes. Au sortir de l'œuf qu'un papillon a posé sur une étoffe ou sur une peau bien propre et bien dégraissée, le petit trouve sur l'étoffe ou sur la peau de quoi se nourrir et se loger. Il ronge le poil ou le flot du drap; il s'en nourrit et en forme autour de lui ce logis que vous lui voyez, avec porte de devant et porte de derrière, le tout bien attaché sur le fond de l'étoffe avec différents filets et un peu de colle. La teigne met la tête tantôt à une ouverture, tantôt à l'autre : elle continue à abattre toujours et à vivre de ce qu'elle trouve aux environs. Ce qu'il faut bien remarquer, c'est que sa tente est toujours de la même couleur que ce qu'elle ronge. Lorsqu'elle a fait place nette autour d'elle, elle lève tous les piquets de cette tente; elle la transporte sur son dos un peu plus loin et l'attache avec les petits filets sur un nouveau terrain. Si, après avoir rongé une laine rouge, elle se trouve placée sur une laine verte, sa loge, qui jusque-là était rouge, prend un nouvel accroissement, mais de couleur verte et parfaitement semblable à celle de la prairie dont elle tond l'herbe. Elle vit ainsi à nos dépens jusqu'à ce que, rassasiée, elle se change en nymphe, puis en papillon.

Venons à la seconde tablette, c'est où commencent les papillons de jour. La plupart de ceux-ci sont plus grands; les couleurs en sont communément plus vives. J'ai pris soin de les placer toujours sur un fond de satin dont la couleur fût opposée à celle qui règne parmi eux. Vous ne voyez ici et dans la tablette suivante que des couleurs simples et tout unies. Dans la quatrième, vous les voyez entremêlées : j'y ai opposé le blanc au rouge, et le jaune au bleu ; toutes ces couleurs figurent et contrastent selon leurs différents degrés.

Dans les dernières tablettes, j'ai assemblé et disposé, avec le plus de goût et de propreté qu'il m'a été possible, tous les papillons panachés ou chargés à la fois de différentes couleurs : papillons français, papillons indiens, papillons américains ; car on m'en apporte de tous pays. Chaque pays a les siens ; tous ont leur figure particulière. On est surtout frappé de la beauté des plus grands, où il semble que la nature se soit fait un jeu d'étaler et de mélanger avec art tout ce qu'elle a de plus brillant. Vous trouverez sur ces ailes l'éclat et la variété des couleurs de la nacre, les yeux de la queue du paon, les zigzags, les falbalas, les nuances du point de Hongrie, et de magnifiques franges le long du bord. Quand j'ai quelques meubles ou quelques habits à assortir, c'est ici que je viens prendre conseil. M. le chevalier, vous pouvez voir le tout en liberté ; je vous prie seulement de ne pas porter les doigts sur les papillons, car vous en enlèveriez les plumes.

Le chevalier. Les plumes ! mais, Madame, ce n'est, ce me semble, que de la poussière qu'on enlève de dessus les papillons. Toutes les fois que j'en ai pris, mes doigts étaient pleins d'une farine de la couleur du papillon.

LA COMTESSE. Cette farine, comme ces Messieurs me l'ont fait voir, est un amas de petites plumes ou écailles qui ont une queue ou un tuyau d'un côté, et qui de l'autre sont arrondies et ornées de franges. L'extrémité des unes couvre le commencement des autres, à la manière des ardoises sur un toit. Elles sont attachées comme celles des oiseaux dans un ordre parfait; et, quand on les a fait tomber, l'aile qui demeure n'est qu'une peau fine et transparente où l'on aperçoit les logettes ou les creux dans lesquels la queue ou le tuyau de chaque plume était arrêté. Mais, afin que vous n'en doutiez pas, jetez les yeux sur la dernière tablette, où l'on a semé et attaché sur une couche de colle une multitude de ces poussières provenues de papillons de toute espèce.

LE COMTE. Chevalier, voilà une loupe qui vous aidera à convertir cette poussière en plumes.

LE CHEVALIER. Rien n'est plus réel que ce que Madame vient de dire; je ne vois pas ici le moindre grain de poussière, mais de jolies plumes dont les couleurs sont d'une variété et d'une vivacité qui me charment.

TROISIÈME ENTRETIEN.

Les guêpes.

⸭

LE PRIEUR, LE CHEVALIER.

LE PRIEUR. Monsieur, la compagnie qui arriva hier est ici pour affaire; vous n'aurez aujourd'hui ni M. le comte ni Madame. Je vous dédommagerai mal de cette perte, mais j'ai une nouvelle à vous dire qui pourra vous amuser.

LE CHEVALIER. Quoi donc, Monsieur?

LE PRIEUR. On vient de trouver ici près sous terre la chose du monde la plus digne de votre curiosité.

LE CHEVALIER. Cela se peut-il voir?

LE PRIEUR. Oui, et même dès aujourd'hui.

Voici ce que c'est. M. le comte m'avait recom-
mandé de vous entretenir cette après-dînée sur
les changements qui arrivent aux mouches de toute
espèce. J'étais hier occupé à vous faire un précis
de tout ce qu'on en peut dire et à vous mettre mes
remarques un peu en ordre, lorsqu'on me vint
avertir que des gens qui travaillaient à la terre
dans notre voisinage avaient trouvé un ouvrage
que chacun venait voir par admiration. Je laissai
là vos métamorphoses et courus voir comme les
autres. La chose en valait bien la peine : ce qu'on
avait découvert était une ville entière cachée sous
terre, mais une ville capable de loger onze à
douze mille habitants. La structure de cette ville
est tout à fait ingénieuse, quoique très-différente
des nôtres. La muraille n'est pas une simple en-
ceinte qui entoure la place, mais c'est une grande
voûte qui la couvre en entier et l'environne de
toutes parts. Après avoir bien creusé, on ne trouva
que deux portes; et, comme l'obscurité était grande
sous cette voûte, on en avait abattu une partie
pour voir clair dans les différentes places de la
ville. Mais voici bien un autre sujet d'étonnement :
les rues ne sont pas, comme chez nous, rangées
à côté l'une de l'autre; elles sont posées les unes
sur les autres, par étages, et les étages séparés
par plusieurs rangs de colonnes. Ce sont moins
des rues que des portiques, dont le premier est
appuyé sur le second, le second sur le troisième,

et ainsi de suite en descendant. Les maisons sont toutes égales et serrées les unes contre les autres dans l'épaisseur des voûtes. Toutes les maisons qui composent un même ordre, et qui sont toutes de niveau dans un étage, sont couvertes par une terrasse ou par un toit commun tout plat, fait avec un mastic très-ferme et uni comme le pavé d'une chambre carrelée. Les habitants se promenaient sur cette place, entre les piliers qui soutiennent une autre voûte et un autre rang de maisons. Il y a jusqu'à onze portiques ou voûtes semblables, où l'on trouve tout bien symétrisé et bien entendu. Il n'y a que l'obscurité qui défigure cet ouvrage. Je n'y ai vu aucun vestige de fanal ni de lanterne.

LE CHEVALIER. Voilà une façon de se loger bien étrange.

LE PRIEUR. Vous croyez, M. le chevalier, que je vous parle de quelque ville d'avant le déluge, qui sera restée sous terre.

LE CHEVALIER. Je n'en sais rien.

LE PRIEUR. La chose est bien plus surprenante : cette ville a été bâtie par un essaim de guêpes.

LE CHEVALIER. Quoi ! n'est-ce que cela ?

LE PRIEUR. Comment ! n'est-ce que cela ? Si c'étaient des hommes qui eussent bâti cette ville, il n'y aurait pas là de quoi se récrier. La merveille est qu'une grande voûte, des portiques, des colonnes, en un mot une ville entière ait été bâtie par des guêpes.

LE CHEVALIER. Eh bien! voyons, voyons ce nid de guêpes; cela nous divertira.

LE PRIEUR. Il est là dans le berceau. J'ai cru qu'il vous ferait plus de plaisir qu'une dissertation sérieuse sur les insectes. Je l'ai conservé presque sans fracture, si ce n'est d'un côté pour voir ce qui est dedans. Entrez et voyez, vous allez trouver la ville entière sur un banc.

LE CHEVALIER. Voilà le plus joli ouvrage du monde; j'y trouve tout ce que vous avez dit : voilà les colonnes, voilà les étages, les maisons et la voûte. Mais comment avez-vous pu avoir ce nid? où cela se trouve-t-il?

LE PRIEUR. Mes mouches à miel périssaient sensiblement; le nombre des abeilles et la quantité du miel diminuaient tous les jours. Je soupçonnai qu'il y avait dans le voisinage quelque guêpier qui était la source du mal, et j'ordonnai de le détruire si on pouvait le trouver. On le découvrit enfin, et hier on y alla livrer l'assaut sur le soir, avec le fer, le feu et le soufre. Quand on eut commencé à ouvrir la terre où était le trou des guêpes, pour les obliger à sortir et pour les brûler au passage, on me vint dire qu'on trouvait un gros panier fait à peu près comme une citrouille. Je savais ce que c'était. La pensée me vint aussitôt de le conserver et de vous le faire voir. Voilà donc la ville en question. Mais ne parlons plus de ville, ni de colonnades, ni d'architecture; disons les choses simplement et comme elles sont : il s'y trouve encore assez de merveilleux pour vous charmer. Je parle de ce merveilleux qui est sans mélange de mensonge , de ce merveilleux que le bon sens demande, et qui est justement celui que vous aimez.

LE CHEVALIER. Comment viennent les guêpes, et comment font-elles leur bâtiment?

LE PRIEUR. Les guêpes qui logeaient ensemble dans ce panier sont de trois sortes :

1° Les femelles, qui sont grandes et, au commencement, en très-petit nombre;

2° Les mâles, qui sont presque aussi gros et plus nombreux;

3° Les ouvrières, que l'on nomme aussi mulets, c'est-à-dire les guêpes qui sont chargées du plus fort travail, et qui ne sont ni mâles ni femelles. Celles-ci sont beaucoup plus petites et en très-grand nombre; c'est le gros de la nation. Il y a trois sortes de travaux qui occupent les guêpes : 1° la structure de la ruche; 2° la recherche de la nourriture; 3° la ponte des œufs et la nourriture des petits.

Pour ce qui est de la structure du guêpier, d'abord elles choisissent pour leur demeure, vers le milieu de l'été, quelque souterrain commencé par les mulots ou par les taupes, ou bien elles le commencent elles-mêmes, ordinairement dans un terrain élevé, afin que les eaux ne les incommodent point. Quand elles ont choisi l'emplacement, elles se mettent au travail avec une ardeur merveilleuse. Elles creusent, elles coupent la terre, la jettent dehors et la portent même à quelque distance. Il faut que leur activité soit grande, puisqu'en peu de jours elles se pratiquent sous terre un logement d'un pied et plus de haut, et d'autant de large. Tandis que les unes creusent, d'autres vont chercher aux champs les matériaux du bâtiment, et, à mesure qu'on retire les terres, on affermit la voûte et l'on en empêche l'éboulement en la mastiquant avec de la glu; puis elles y suspendent le commencement de leur bâtiment, qu'elles continuent en descendant, comme si elles voulaient faire une cloche qu'on ferme ensuite par le bas.

LE CHEVALIER. Comment peuvent-elles détacher et jeter la terre? J'ai de la peine à comprendre que des mouches puissent se creuser une demeure si profonde.

LE PRIEUR. Elles sont pourvues pour cela de très-bons outils : elles ont à la bouche une trompe et à côté deux petites scies qui jouent de droite à gauche, l'une contre l'autre; outre cela elles ont deux grandes antennes et six pattes. Elles coupent la terre par petites parcelles avec leurs scies et l'emportent dehors avec leurs pattes.

LE CHEVALIER. Une chose qui pique surtout ma

curiosité est de savoir quelle est la matière dont tout cet édifice est composé.

LE PRIEUR. Ce n'est que du bois et de la glu. Les ouvrières vont arracher le bois aux fenêtres, aux treillages des jardins, aux extrémités des toits; elles scient et enlèvent une multitude de petites parcelles, puis, après les avoir charpies et hachées fort menues, elles les amassent par petites bottes entre leurs pattes; elles y versent quelques gouttes d'une liqueur gluante, à l'aide de laquelle elles font du tout une pâte qu'elles pétrissent et mettent en boule. De retour au logis, elles posent la boule sur l'endroit du bâtiment qu'elles veulent allonger ou épaissir; elles l'étendent avec leur trompe et avec leurs pattes en allant à reculons. Quand la boule aplatie ne fournit plus, la guêpe revient au commencement de la traînée de pâte; elle la foule, elle l'étend de nouveau en reculant toujours jusqu'au bout, et, en trois ou quatre reprises, cette espèce de charpie de bois se trouve devenue une petite feuille de couleur grise, mais d'une finesse dont notre plus fin papier n'approche point. La guêpe ouvrière, ayant mis cette première boule en œuvre, recourt aux champs en chercher une seconde et plusieurs autres, dont elle fait autant de feuilles qu'elle applique les unes sur les autres. D'autres ouvrières viennent encore en appliquer de nouvelles sur les premières, et de toutes ces bandes ainsi collées et unies par la même glu, se forme la grande voûte qui sert de couverture et d'enveloppe générale à leur demeure. C'est aussi avec la même matière que se fabriquent les cellules et les colonnes.

LE CHEVALIER. Il me semble pourtant au toucher que les colonnes sont extrêmement dures et que la voûte l'est beaucoup moins.

LE PRIEUR. Vous avez raison de le remarquer. Il est sûr qu'elles s'appliquent à durcir les colonnes. Je ne sais si la matière en est plus torse et plus compacte, ou si elles les mastiquent avec une plus grande quantité de glu; mais il est bien naturel que ce qui soutient le bâtiment en soit la partie la plus solide.

LE CHEVALIER. Monsieur, pourriez-vous me dire pourquoi ces petites colonnes s'élargissent aux deux extrémités par où elles touchent l'étage d'en bas et celui d'en haut?

LE PRIEUR. La matière est prudemment épargnée dans la longueur du pilier, mais il n'aurait pu ni s'appuyer sur le bas ni soutenir le haut sans y être arrêté et bien collé. C'est pourquoi on en a épaissi les extrémités, afin qu'elles touchassent une plus grande surface, et qu'un plus grand volume de colle maintînt mieux le bas et le haut, j'ai presque dit la base et le chapiteau.

LE CHEVALIER. Il y a bien de l'intelligence dans tout cela. Qu'est-ce que ces deux ouvertures?

Le prieur. Celle-ci est la porte pour entrer, et celle-là pour sortir. C'est par la première qu'entrent les guêpes qui sont chargées ; celles qui vont aux champs sortent par cette autre. Ainsi on ne s'embarrasse point en allant et venant.

Le chevalier. Je vois qu'elles peuvent aller et venir en liberté sous les différents étages et entrer dans telles maisons qu'il leur plait. Toutes les portes de ces maisons s'ouvrent par le bas, à l'exception de quelques-unes que je vois fermées avec une sorte de parchemin. Mais en voici bien d'autres que je trouve fermées de même.

Le prieur. Je vous en rendrai raison dans peu ; mais auparavant comptez, je vous prie, le nombre des étages que vous voyez comme autant de gâteaux élevés l'un sur l'autre.

Le chevalier. J'en trouve onze ; mais celui d'en haut est tout petit, celui d'en bas de même, et ils vont en s'élargissant vers le milieu du panier.

Le prieur. Ce qu'il y a de plus remarquable, c'est de voir des gâteaux entiers composés de loges spacieuses, et d'autres tout composés de loges étroites. Les grandes cellules sont destinées à recevoir les œufs d'où doivent sortir les mâles et les femelles ; les loges étroites sont destinées aux œufs d'où sortiront les ouvrières, qui sont beaucoup plus petites. Nos architectes ne se méprennent point dans leurs proportions, et jamais les mères de famille ne vont mettre dans une loge d'ouvrières l'œuf qui doit donner une femelle ou un mâle. Les loges des ouvrières ont sept à huit lignes de profondeur sur trois et plus de largeur. Les colonnes peuvent avoir six lignes de hauteur.

LE CHEVALIER. J'entrevois trente-neuf à quarante colonnes entre un étage et un autre.

LE PRIEUR. Vous en trouverez quelquefois davantage. Mais considérez à présent la régularité des cellules : elles sont toutes à six pans, ce qui est la figure la plus commode en tous sens pour faire de ces loges un assemblage où il n'y ait point de vide. Rondes, elles ne se seraient touchées les unes les autres que par un point, l'intervalle vide aurait été perdu ; triangulaires ou carrées, elles se seraient à la vérité très-bien appliquées les unes contre les autres, mais les coins en dedans auraient été perdus, l'animal qui y doit loger étant rond ; hexagones ou à six pans, elles approchent plus de la figure ronde et elles se touchent exactement entre elles, côté contre côté, en sorte qu'il n'y a point du tout de terrain inutile, et que chaque loge, toute faible qu'elle est, devient stable et solide par son union avec les autres.

LE CHEVALIER. Assurément, Monsieur, le plus beau palais me frappe moins que la régularité de ces logettes. Mais venons, s'il vous plaît, à la nourriture des guêpes. Je vois bien que vous savez tout ce qui se passe chez ces gens-là.

LE PRIEUR. Je leur pardonne tout le tort qu'elles

m'ont fait et le miel qu'elles m'ont volé, en considération du plaisir que j'ai eu à étudier leur manière
de vivre. Elles se logent volontiers dans le voisinage des abeilles, auprès des meilleures treilles,
à côté d'une vigne et encore plus volontiers à portée d'une cuisine. Elles trouvent là des provisions
toutes faites. Les ouvrières et même les mâles,
vont à la chasse; elles se présentent effrontément
partout, jusque dans les ruches des abeilles, qui ont
quelquefois bien de la peine à s'en défendre. A
défaut de miel, elles se jettent sur les meilleurs
fruits; elles ne se méprennent point. L'abricot,
par exemple, est fort de leur goût; le bon-chrétien
d'été, le rousselet de Reims, le beurré, la crasane,
la pêche la plus vermeille, le raisin le plus mûr et
surtout le muscat, voilà leurs mets ordinaires selon la saison. Ce n'est pas que les guêpes soient
difficiles; en d'autres temps elles s'accommodent
de tout. Tout leur convient dans une cuisine, volaille, gibier, lard, viande de boucherie même,
elles ne méprisent rien; et si elles peuvent s'accos-
ter de la maison d'un boucher, elles vont au solide
et ne courent pas plus loin. Elles y vont enlever des
morceaux de chair moitié aussi gros qu'elles, et
rapportent le tout à la ruche, où les femelles en font
la distribution aux petits. Les bouchers qui entendent leurs propres intérêts s'accommodent avec
elles et leur donnent régulièrement un morceau de
foie de bœuf ou de veau. Elles s'y attachent pré-

férablement aux autres viandes, qui ont des fibres et qui sont plus longues et plus difficiles à couper.

Mais ce n'est pas seulement pour les détourner des autres viandes que les bouchers s'abonnent avec elles à ce prix ; ils en tirent un grand service et ne sont pas fâchés de la visite des guêpes. Tant qu'elles sont occupées autour de ce morceau de foie, il n'y a pas à craindre que ni mouche ni autre insecte entre dans la place et touche à rien : les guêpes leur donnent la chasse sans quartier. Elles font sentinelle, et bien hardie serait la mouche qui oserait alors se présenter. Le pis aller, c'est qu'elles taillent par-ci, par-là quelque morceau à leur bien-séance. L'inconvénient n'est pas grand, parce que la guêpe ne salit rien, la femelle restant toujours au guêpier avec les œufs, au lieu que la mouche cherche exprès la viande pour y mettre les siens, ce qui est la désolation du boucher.

Le chevalier. J'aime les guêpes : je leur trouve bien de l'esprit.

Le prieur. Je vois bien que leur industrie et leur propreté vous préviennent en leur faveur ; mais il faut tout dire : elles gâtent leurs bonnes qualités par d'autres bien mauvaises : elles sont goulues et cruelles. Ce sont pour ainsi dire les anthropo-phages du peuple mouche. Non contentes de voler le miel, elles tuent les abeilles mêmes ; elles pren-nent, elles grugent, elles massacrent, elles vont même jusqu'à manger leurs ennemis. Ce n'est pas là leur bel endroit; mais, sans vouloir les disculper, je dis qu'elles ressemblent à bien des gens de notre espèce et même de notre espèce européenne. Elles pillent et dévorent d'autres mouches; c'est tout comme chez nous. Combien d'hommes sont guêpes au suprême degré à l'égard des autres hommes. La différence qu'il y a, c'est que les guêpes sont voraces par suite de l'instinct qui les mène, au lieu que l'homme est malfaisant par choix, malgré l'impression de la raison qui l'éclaire. Ajoutons que l'avidité des guêpes trouve en quelque sorte son excuse dans la nécessité où elles sont de pourvoir sans cesse aux besoins d'une famille extraordinairement nombreuse.

La distribution de la nourriture se fait avec beaucoup d'ordre; les mères en sont chargées, et quelquefois les mulets leur prêtent secours. On trouve d'abord au fond de chaque cellule un petit œuf, avec une matière gluante pour l'empêcher de tomber. De cet œuf sort un vermisseau que l'on nourrit avec soin et qui, peu à peu, devient un gros ver bien gras et bien dodu, remplissant toute la chambre de sa rotondité. La mère, après avoir reçu et mis en pièces la nourriture que les ouvrières ont apportée, va la distribuer de chambre en chambre, dans la bouche de chaque ver, tour à tour, avec une grande égalité, si ce n'est qu'on en donne plus fréquemment aux gros vers qui doivent produire les mâles et les femelles. Renversez le guêpier et jetez ici les yeux à l'entrée de ces cellules : qu'y apercevez-vous ?

LE CHEVALIER. Je vois les gros vermisseaux dont vous venez de parler ; en voilà un qui ouvre la bouche et qui prend mon doigt pour sa mère.

LE PRIEUR. On l'a négligé depuis hier : l'appétit ne lui manque pas.

LE CHEVALIER. Mais voilà quantité de cellules fermées.

LE PRIEUR. Voici ce que c'est. Tous ces vermisseaux cessent, après un certain temps, d'être à charge à la mère ; ils ne mangent plus, ils ne veulent plus rien recevoir, et commencent dès lors à filer de leur bouche une soie très-fine dont ils collent le premier bout à l'entrée de leur chambre ; puis, faisant aller leur tête de côté et d'autre, ils attachent ce fil à différents points ; et, à force de passer et de repasser, ils forment de ce fil, qui court toujours, une petite étoffe qui sert de cloison à la porte. Retirés de la sorte, ils se défont de leur peau ; le vermisseau se dessèche, sa dépouille tombe au fond, et il reste une nymphe blanche qui développe peu à peu ses pattes et ses ailes, et acquiert insensiblement la couleur et la forme d'une guêpe parfaite. Rompez quelques-unes de ces cloisons, et vous la verrez comme emmaillottée et ne montrant qu'à demi les membres délicats d'un animal encore informe. Il se fortifie doucement dans cette boîte qui le met à couvert de tout danger, jusqu'à ce que, ses pieds se dégageant, il perce la cloison qui le tient enfermé. Rompons le bout d'un des derniers gâteaux. Tenez, voilà un de ces vers changé en nymphe.

LE CHEVALIER. Voilà une réjouissante figure. Qui ne rirait de voir son menton allongé, son dos courbé et ses pattes jointes l'une sur l'autre?

LE PRIEUR. Il y a des insectes qui demeurent dans cet état de nymphe des années entières, mais la guêpe n'y est guère que douze ou quinze jours au plus; après quoi, se sentant armée de toutes pièces, elle déchire elle-même la cloison de sa cellule. Alors vous lui voyez allonger une antenne et puis deux; une patte succède, la tête se montre, le corps élargit l'ouverture, enfin il sort une guêpe bien formée, qui sèche ses petites ailes tout humides en y faisant passer plusieurs fois ses pattes de derrière; puis tout à coup vous la voyez prendre sa volée et s'en aller aux champs butiner avec les autres, dont elle imite, dès ce jour, l'adresse et la méchanceté.

LE CHEVALIER. Quoi! sans aucun apprentissage?

LE PRIEUR. Aucun. Dès que le mulet sort de sa retraite, il va à la picorée; dès que la femelle est éclose, elle est tout occupée des soins du ménage.

LE CHEVALIER. Je trouve la condition de mère bien douce dans ce pays-là. Ces pauvres ouvrières au contraire me font compassion; elles sont bien à plaindre d'avoir ainsi à leur charge tous les soins domestiques et tout le gros de l'ouvrage.

LE PRIEUR. Il est vrai que les mères sont bien nourries; tous les bons mets, toutes les attentions sont pour elles ; rien n'égale la politesse des maris et de toute la troupe; mais aussi ces mères sont en petit nombre. Elles ont un terrible ménage à conduire, tant d'œufs à pondre, tant de petits à nourrir, aller sans cesse d'étage en étage et de chambre en chambre, visiter tout le monde et recommencer sans fin le même travail, sans sortir du logis, qui pis est; convenez qu'une mère guêpe a bien de l'occupation. Les mulets, par exemple, que vous plaignez tant, ont un sort bien plus doux : ils vont chercher leur vie, ils voyagent en liberté, ils pillent, ils mangent, ils dorment sans soin et trouvent leur subsistance dans le travail d'autrui. Assurément ils sont les plus heureux.

LE CHEVALIER. Dites-moi, je vous prie, les guêpes font-elles des provisions pour l'hiver?

LE PRIEUR. Elles n'en font seulement pas pour le lendemain.

LE CHEVALIER. Comment donc peuvent-elles passer la mauvaise saison qui est si longue?

LE PRIEUR. Aux approches de l'hiver tout change dans cette république. Dès que les premiers froids se font sentir, les femmes et les maris, qui avaient tant de tendresse pour les petits, les tuent tous;

œufs, vermisseaux, nymphes, guêpes formées, ils arrachent tout, ils jettent tout hors du guêpier; ils renversent les cellules mêmes.

LE CHEVALIER. Qui peut causer ce changement et leur inspirer une telle rage?

LE PRIEUR. C'est qu'elles sentent bien qu'il n'y a plus assez de temps pour amener les embryons à leur perfection; on ne veut plus se charger d'un travail inutile. Quand il fait soleil, on prend encore quelquefois l'air; mais il n'y a plus de joie parmi elles; on languit, on se disperse; chacune évite le froid et se loge comme elle peut; celles qui restent dans le guêpier passent l'hiver sans avoir ni chercher aucune nourriture. Le froid les morfond, les engourdit ou les tue, et quelquefois de huit ou neuf mille guêpes ou beaucoup plus que contenait la ruche, il ne reste que deux ou trois mères.

LE CHEVALIER. Eh! comment donc l'espèce s'en peut-elle conserver?

LE PRIEUR. Les mères sont plus vigoureuses, et leur corps résiste mieux au froid. Croiriez-vous qu'une seule guêpe suffit pour donner un essaim entier l'année suivante; elle se construit deux ou trois cellules qui forment comme un petit bouquet attaché par la queue avec un peu de glu sur un arbre, ou bien dans quelque trou qu'elle a commencé ou trouvé tout fait; elle y pond deux œufs de mulets; elle va leur chercher à manger; elle fait tout elle-même, comme vous voyez. Les deux vermisseaux se rassasient; ils filent au bout de quelques jours et ferment leur porte; voilà déjà deux enfants de pourvus; la mère est déchargée du soin de les nourrir. Elle fait deux autres cellules, et, tandis que les deux nouveaux œufs qu'elle y a mis éclosent et que les deux nouveaux vermisseaux se fortifient, les deux premiers mulets rompent leurs portes et se mettent à travailler avec la mère; les voilà trois de compagnie. Quinze jours après, les deux seconds grossissent la troupe. On s'élargit, on commence à jouir de tous les avantages de la société; on se donne un logement spacieux et commode. Le petit amas de cellules augmente de jour en jour; la mère y pond un œuf de mâle et ensuite un de femelle. Il faut croire qu'elle pond les uns ou les autres à son choix, puisqu'elle proportionne la grandeur de la loge à la taille du mâle ou de la femelle qui doit y naître. Le mâle devient mari, la femelle devient mère. S'il y a deux mères au mois de juin, il y en a cinquante trois semaines après, et cinquante mères donnent plus de dix mille guêpes avant le mois d'octobre.

Voilà, Monsieur, ce qu'il y avait à observer sur les guêpes. Je ne vous entretiendrai pas de quelques autres espèces, dont les unes suspendent leur nid à des branches d'arbres; d'autres, qui sont une ou deux fois plus grosses que les guêpes communes, placent leurs nids sous un toit ou dans l'assemblage d'une charpente. C'est à peu près la même industrie et la même police, et vous pouvez juger de leur travail par celui des guêpes dont j'ai eu plus de facilité et d'occasion de m'instruire. Ce que je ne me lasse point d'admirer dans toutes les espèces, c'est surtout la diversité et en même temps la justesse des moyens par lesquels la Providence habille, nourrit et défend chaque espèce.

Le chevalier. Vous ne m'avez rien dit, Monsieur, sur les armes des guêpes. N'ont-elles pas un aiguillon?

Le prieur. Si elles en ont un? Je ne le sais que trop; je l'ai senti plus d'une fois, et il m'a coûté bien des piqûres pour savoir ce que je vous ai appris; mais je courrais volontiers de plus grands risques s'il s'agissait de vous apprendre agréablement quelque vérité utile.

Le chevalier. Il n'est pas juste que le plaisir soit pour moi et toute la peine pour vous.

Le prieur. Pardonnez-moi, rien n'est plus dans l'ordre. Le bon sens veut que les épines et les coups d'aiguillon soient uniquement pour celui qui se mêle d'enseigner, et qu'il n'y ait que du plaisir pour celui qui apprend.

Le chevalier. Je me trouve heureux d'être tombé en de si bonnes mains. Après les guêpes, voudriez-vous, Monsieur, passer aux abeilles?

Le prieur. Je le ferai avec plaisir, et en vous

expliquant la structure de l'aiguillon de celles-ci, je vous apprendrai suffisamment la forme de celui des guêpes, qui est semblable. Mais remettons à demain à nous en entretenir; à présent il me serait impossible, voilà des gens qui me cherchent. Je suis réellement le serviteur de mes paroissiens. Quelque plaisir, Monsieur, que j'aie avec vous, il faut que je vous quitte.

QUATRIÈME ENTRETIEN.

Les abeilles.

M. LE COMTE ET Mme LA COMTESSE, M. LE PRIEUR,
M. LE CHEVALIER.

La comtesse. Allons, Messieurs, asseyons-nous. Notre conversation va rouler sur une matière importante. Nous allons nous jeter dans la politique et dans le gouvernement des États.

Le prieur. Il faut varier et ennoblir un peu nos conférences. Hier je n'entretins M. le chevalier que de vols, de brigandages et de meurtres. Aujourd'hui nous ne parlerons que de bien public, de colonies, d'économie, de police et d'application au travail. C'est le caractère propre de la république des abeilles. Tout ce qu'on en peut dire se réduit à deux sortes de choses : les unes qui sont exposées aux yeux de tout le monde et que les paysans mêmes n'ignorent pas; j'épargnerai à M. le comte le récit de celles-là. Il y en a d'autres plus curieuses et qu'on ne peut savoir qu'à l'aide d'une ruche de verre et avec des yeux de philosophe. M. le comte, qui est bien pourvu de l'un et de l'autre point, voudra bien se charger de nous en instruire.

LE CHEVALIER. Est-il vrai, Monsieur, que les abeilles ont un roi?

LE PRIEUR. Il est certain que dans une ruche on distingue trois sortes d'abeilles : d'abord les abeilles communes ou mulets, qui sont le gros de la nation et sont chargées de tout l'ouvrage; elles ont toutes une trompe pour le travail et un aiguillon contre l'ennemi : en second lieu les bourdons, qui sont d'une couleur plus obscure et un tiers plus longs et plus gros que les abeilles. Les bourdons passent pour être les mâles et n'ont point d'aiguillon; ils sont au nombre de mille à douze cents dans une ruche de vingt à trente mille ouvrières. Il y a enfin une troisième sorte de mouche beaucoup plus forte et plus longue que les bourdons mêmes et qui est armée d'un aiguillon comme le commun des abeilles. On croit qu'elle est unique dans une ruche, ou du moins qu'il n'y en a qu'une pour chaque essaim, c'est-à-dire pour chacune de ces troupes de jeunes abeilles qui sortent de temps en temps de la ruche et vont s'établir ailleurs. Sur la question de savoir s'il faut donner à cette grosse mouche le nom de roi, comme faisaient les anciens, ou s'il faut l'appeler reine, comme le veulent les observateurs modernes, je laisse à M. le comte à le décider.

Le comte. A l'aide de la ruche que j'ai fait composer de pièces de verre assemblées avec des branches de plomb, j'ai remarqué très-distinctement les trois espèces de mouches dont M. le prieur vient de parler. J'ai vu plusieurs fois cette grosse mouche qu'on prétend être le roi, aller de chambre en chambre. Il n'y avait rien au fond de la cellule avant qu'elle y fît entrer l'extrémité de son corps; quand elle en sortait, j'y remarquais un petit œuf. D'où il est aisé de conclure que c'est là la femelle de l'espèce, et, comme j'ai souvent observé qu'il n'y avait dans tout un essaim qu'une seule mouche de cette sorte, quelquefois deux et jamais plus de trois, je crois qu'il est plus naturel de lui donner le nom de reine que celui de roi. Mais que pense M. le prieur de ces grosses mouches que l'on appelle bourdons?

Le prieur. Voici, Monsieur, ce que je sais des bourdons. On leur trouve à tous une bouteille de miel comme aux autres abeilles, avec cette différence que les abeilles ont leur bouteille accompagnée d'un petit canal qui va jusqu'au cou, par le

moyen duquel elles vont déposer le miel au magasin; et lorsque vous pressez l'abeille tant soit peu,
le miel lui sort aussitôt par ce canal : ce qui n'arrive point au bourdon. Il mange et retient tout à
son profit; il ne rapporte rien au réservoir commun; il est bien nourri, ne travaille point, ne va
point aux champs, prend tout au plus l'air et se
promène autour de la ruche en pleine liberté. C'est
apparemment parce qu'il n'a point d'ennemi à
craindre que la nature ne l'a point pourvu d'aiguillon. Je ne saurais croire au reste que, dans une
nation aussi économe, on voulût souffrir de tels
paresseux, s'ils n'étaient bons à quelque chose.

LE COMTE. J'ai fait ce que j'ai pu pour démêler
au travers de ma ruche transparente, quel personnage ils faisaient auprès de la reine-abeille;
voici ce qu'il m'a été possible d'apercevoir. La reine
se tient retirée dans le haut des rayons, que nous
appellerons, si vous voulez, son palais. Elle n'en
sort que rarement pour paraître en public, et lorsqu'elle se montre, on la voit s'avancer avec une
démarche grave et majestueuse. Vous riez, chevalier; voici bien autre chose. Elle ne marche jamais seule : quand ce n'est pas tout l'essaim qui
l'accompagne, elle est au moins suivie de plusieurs
grosses abeilles, de bourdons sans doute qui lui
servent de cortége. Comme les sorties de la reine
sont peu ordinaires et qu'elles tendent apparemment au bien commun, quand elles arrivent, il est

grande fête au pays, tout le monde sort, chacun est en joie, et, pour lui faire une réception solennelle, les abeilles s'accrochent les unes aux autres par les pattes et forment en un instant un grand voile, derrière lequel il n'est plus possible de rien apercevoir.

LE CHEVALIER. Cette cérémonie ne serait-elle pas une danse occasionnée par la bonne fête?

LA COMTESSE. Une danse! je ne sais. Ce sera toujours la dernière chose que M. le prieur admettra; il n'est pas pour les danses.

LE COMTE. Quoi qu'il en soit de l'intention des abeilles dans cette coutume de se prendre ainsi par les pattes et de se mettre en chœur à l'arrivée de leur reine, le fait est certain, et j'ai remarqué dans la suite que la reine allait de chambre en chambre y déposer un œuf, après avoir observé par elle-même si les loges étaient libres. Et tandis qu'elle enfonçait l'extrémité de son corps dans une cellule, les bourdons de sa cour, rangés en cercle autour d'elle, et ayant tous la tête tournée vers leur reine, battaient des ailes et semblaient célébrer la naissance de ces nouveaux enfants. Elle peuple dix, douze maisons et plus à chaque ponte, et elle peut même donner jusqu'à six ou sept mille petits. Elle peut voir la même année les enfants de ses enfants, par le moyen de deux ou trois autres abeilles comme elle, et se trouver mère ou aïeule de dix-huit mille enfants en un seul été.

Le prieur. Ce qui achève en quelque sorte de prouver que les bourdons sont uniquement destinés à la multiplication de l'espèce, c'est qu'on les nourrit bien pendant tout l'été, mais que, quand les reines ont jeté leurs essaims et qu'aux approches de l'automne on prévoit qu'il n'y aura plus assez de temps ou assez de chaleur pour élever une nouvelle famille, alors les bourdons sont maltraités et chassés. On voit qu'ils deviennent à charge à la république, où ils ne font plus que manger. Les abeilles n'en veulent plus dans leurs ruches : leur haine tombe jusque sur les jeunes bourdons qui ne sont pas encore éclos, elles les tirent des cellules, les tuent et les jettent hors du panier. Ensuite elles se mettent à la poursuite des pères. Ils ont beau s'obstiner à vouloir demeurer, elles les prennent par les ailes et par les épaules, elles les poussent, elles les harcèlent; on les chasse tous sans aucun quartier.

Le chevalier. Eh! que deviennent ces pauvres bourdons? Ils me font pitié.

Le prieur. Les pluies, les oiseaux et la faim les font périr. La terre en paraît couverte aux environs de la ruche.

La comtesse. Je trouve que les maris ne font pas une fort belle figure dans ce pays-là.

Le comte. On y a pour maxime que le salut du peuple doit être la première loi de l'État.

Le prieur. Les abeilles ne se croient pas obligées à nourrir toujours des ventres paresseux, qui leur dévoreraient en une partie de l'année tout le travail de l'autre, surtout dans un temps où elles ne peuvent plus rien trouver. Ainsi, M. le chevalier, si on contraint les bourdons à pourvoir par eux-mêmes à leur vie, ce n'est pas par économie seulement, c'est par nécessité.

LE CHEVALIER. Vous avez peur, Monsieur, que l'on ne pense mal de vos chères abeilles. On voit bien que c'est votre insecte favori.

LE PRIEUR. Il est vrai qu'il m'est d'un revenu utile. Il y a telle année où mes abeilles m'ont produit plus que mon bénéfice.

LA COMTESSE. Ce n'est pas là la raison qui en fait l'objet de vos complaisances. Vous prenez avec feu le parti des abeilles parce qu'elles suivent fidèlement la morale que vous prêchez, que qui ne travaille point ne doit point manger.

LE PRIEUR. Cela peut fort bien être. Mais, toute complaisance et tout intérêt à part, on ne peut examiner un peu les mœurs et, si cela se peut dire, les maximes de ce petit peuple, sans le trouver tout à fait aimable, aussi bien dans sa conduite que dans son travail.

LE CHEVALIER. Je suis charmé de ses mœurs, mais son travail mérite bien aussi qu'on y pense : c'est où je vous prie de vouloir venir.

LE PRIEUR. Avant de vous entretenir de leur travail, il faut vous montrer leurs outils. M. le comte, qui les a vus de plus près que moi avec ses microscopes, ne serait pas content de ce que j'en pourrais dire.

LE COMTE. Je me charge volontiers de la commission. Je ne vous ferai pas une analyse exacte du corps d'une abeille. Il suffira, mon cher chevalier, de remarquer les principales parties dont la nature l'a pourvue et l'usage qu'elle en fait.

Le corps de l'abeille est divisé par deux étranglements en trois portions, la tête, la poitrine et l'abdomen. La tête est armée de deux mâchoires et d'une trompe. Les mâchoires ou plutôt les serres, jouent en s'ouvrant et se fermant de gauche à droite. Ces serres leur servent de mains pour saisir, pour pétrir la cire, pour jeter dehors ce qui les incommode. La trompe est un... Mais je ferai mieux d'imiter M. le prieur, et de parler aux yeux, puisque je le puis faire. J'ai ici deux de ces trompes collées sur deux bouts de papier. Les voilà dans le microscope l'une auprès de l'autre.

LE PRIEUR. On ne pouvait les placer plus avantageusement pour faire connaître l'une par le secours de l'autre. M. le chevalier croira-t-il que ces deux figures reviennent à la même, ou que ce soit là deux trompes semblables?

LE CHEVALIER. J'en vois une qui est une fois plus longue que l'autre : celle qui est la plus longue est un peu épaisse d'un côté et va en diminuant vers l'autre bout. Elle est un peu courbée vers le milieu et entourée par le bas de quatre branches qui sont creuses en dedans, comme seraient les pièces d'un chalumeau coupé en quatre. Je ne comprends rien à tout cela.

LE COMTE. Tout ce que vous dites est pourtant fort juste. Un peu de patience, voyez l'autre.

LE CHEVALIER. L'autre est plus épaisse, toute courte et sans les quatre branches.

LE COMTE. Sans les quatre branches ? En êtes-vous bien sûr ?

LE CHEVALIER. Attendez, Monsieur, s'il vous plaît, je crois les apercevoir. Je vois à présent ce que c'est ; elles sont rapprochées ici ; il faut que cette seconde trompe soit renfermée, en sorte que les branches lui servent d'étui. La première est une trompe déployée pour le travail, et la seconde est la trompe repliée et en repos dans sa gaîne. Assurément, M. le prieur, voilà qui justifie bien ce que vous me disiez dernièrement, que les plus petites choses avaient dans la nature une destination et une fin toute particulière, et qu'on trouve Dieu dans la structure de la patte d'une mouche, comme dans la structure du soleil même.

LE PRIEUR. Vous vous accoutumerez à comprendre que cette destination est certaine dans les choses mêmes où elle n'est pas connue, parce qu'à chaque pas vous la trouverez où elle ne paraissait pas d'abord. C'est à vous à la chercher, à l'admirer et à en glorifier Dieu. Qu'on présente la trompe d'une abeille à qui vous voudrez, on dira : C'est une patte de mouche, à quoi cela est-il bon ? Cet instrument est cependant tel qu'avec son secours une abeille va amasser plus de miel en un jour que cent chimistes n'en recueilleraient en cent ans. Et la sagesse du Créateur, qui paraît si sensible dans le présent qu'il a fait à l'abeille de cet instrument précieux, n'éclate pas moins dans les moyens qu'il lui a donnés pour le conserver. Car cette trompe est longue et pointue, souple et mobile en tous sens, afin que l'abeille puisse la porter jusqu'au fond des fleurs, malgré l'embarras des pétales et des étamines, y amasser des sucs épars et en emporter sa charge. Mais cette trompe toujours étendue serait devenue incommode et aurait pu se rompre par mille accidents; c'est pourquoi elle a été composée de deux pièces unies par un ressort ou par une charnière, en sorte qu'après le service nécessaire, elle peut être raccourcie ou plutôt repliée, et de plus elle se trouve garantie de toute insulte à l'aide de quatre fortes écailles, dont deux s'appliquent immédiatement; les deux autres, qui sont plus larges et plus creuses, embrassent ensuite le tout.

Le comte. Venons au reste du corps. La poitrine soutient les pattes, qui sont au nombre de six, et les quatre ailes, savoir deux grandes et deux petites, qui leur servent non-seulement à se transporter où elles veulent, mais aussi à faire un bruit par lequel elles s'entr'avertissent de leur départ, de leur arrivée, et s'animent entre elles au travail. Voici une abeille morte, remarquons le poil dont elle est toute couverte et qui lui servait à retenir les petits grains de pollen qui tombent du sommet des étamines au fond des fleurs. La jambe a la forme d'une *palette triangulaire,* sa face extérieure est concave et bordée de poils longs et recourbés ; c'est la *corbeille* dans la cavité de laquelle l'abeille amasse , à l'aide des *brosses* dont ses pattes sont garnies, le pollen des fleurs ; avec une des jambes de la deuxième paire, l'abeille frappe sur ce tas de pollen, et quand elle a façonné sa pelotte, en rapprochant et tassant les grains de cette poussière parfumée, elle retourne à la ruche.

Remarquez les arceaux inférieurs des six anneaux qui composent le ventre ou abdomen ; chacun d'eux, à l'exception du premier et du dernier, laisse suinter une matière blanche qui se moule en forme de lame courbe et sort par les intervalles des anneaux. Cette matière n'est autre chose que de la cire ; elle provient de deux poches occupant la face interne de chaque anneau inférieur. Ces poches communiquent avec l'intérieur de l'abdomen par un réseau membraneux, à mailles hexagonales ou à six côtes, qui paraît être le tissu glanduleux destiné à sécréter la cire. La cire n'est pas, comme le pensaient les anciens naturalistes, du pollen élaboré par la digestion, car on a expérimenté que les abeilles nourries avec du pollen seulement n'en fournissent pas; au contraire, les abeilles auxquelles on donne du miel, en sécrètent une quantité abondante. Comment le miel ou le sucre ont-ils pu se changer en cire? Ceci est une question insoluble, comme toutes celles qui ont rapport aux changements que subissent les liquides dans les organes glanduleux des êtres organisés.

La bouteille de miel est transparente comme le cristal, et contient le miel que l'abeille va recueillir sur les fleurs, dont une petite partie doit demeurer pour la nourrir, et la meilleure part est rapportée et versée dans les cellules du magasin, pour nourrir toute la troupe en hiver.

L'aiguillon est composé de trois pièces, d'un étui et de deux dards. L'étui se termine en une pointe très-fine; il est fendu un peu au-dessous de sa pointe pour laisser passer une liqueur venimeuse. Les deux dards partent d'une autre ouverture. Tous deux sont hérissés de petites pointes, semblables aux barbes ou aux filets d'un hameçon; ces barbelures, en se levant un peu de côté, rendent la blessure plus douloureuse, empêchent le retour des dards et font que l'abeille a peine à les retirer. Elle ne les dégage presque jamais lorsqu'on l'agite et qu'on la trouble, mais, si on a la patience de demeurer tranquille, elle abaisse et couche sur le dard ces pointes latérales ; par ce moyen, elle retire son dard sans obstacle, et on en souffre moins. L'étui est lui-même très-pointu, et fait la première plaie ; sa piqûre est suivie de celle des dards et de l'effusion de la liqueur empoisonnée. Cet étui tient à des muscles assez forts pour pouvoir les retirer, mais, quand il est trop engagé, ces muscles sortent du corps de l'abeille et demeurent avec l'aiguillon. La liqueur qu'elle verse en même temps dans la plaie, y cause une fermentation et une enflure qui dure plusieurs jours, mais qu'on peut arrêter en ôtant l'aiguillon sur-le-champ, et en élargissant la piqûre pour lui donner de l'air et en faire écouler le venin. Voilà les outils et les armes des abeilles.

Venons présentement à leur travail et en particulier à la structure des rayons.

LE CHEVALIER. Permettez-moi de vous interrompre et de demander à M. le prieur comment il fait pour assembler toutes les abeilles dans un même panier.

LE PRIEUR. Supposez seulement qu'il y ait une troupe de mouches logées dans le creux d'un arbre, ou dans le trou d'un rocher, ou dans un panier qu'elles auront rencontré. Elles y élèvent leurs petits ; après les premiers venus, on en élève d'autres. Les vieilles mouches et les jeunes, tout le monde demeure ensemble en paix tant qu'il y a de la place et qu'on peut être logé à l'aise; mais, quand le nombre est augmenté de façon qu'on ne pourra plus élever de nouveaux enfants sans se mettre à l'étroit, alors les vieilles mouches, qui sont de droit et de fait maîtresses de cet État, font un édit par lequel il est ordonné à toutes les jeunes abeilles de tel âge et au-dessous d'aller chercher leur établissement ailleurs, et d'évacuer la place dans tel temps, avec menace d'user de l'aiguillon en toute rigueur contre les contrevenants. Je puis bien me tromper aux termes de l'ordonnance, que je n'ai point vue, mais réellement le refus de vider pays dans le temps marqué attire aux jeunes essaims des guerres sanglantes. Pour l'ordinaire on prend le parti de la soumission, et un certain jour, à une même heure, ou plutôt au même instant, tout l'essaim des jeunes abeilles, la reine à la tête, abandonne la ruche, se met en campagne, et va chercher une autre demeure. C'est une véritable colonie. Les vieilles abeilles demeurent toujours en possession de l'ancienne habitation.

Le chevalier. Il me semble entendre l'histoire des Sidoniens et des Tyriens, qui, n'ayant presque point de terres et étant devenus très-nombreux, envoyaient des colonies à Carthage, à Cadix et partout. Mais j'interromps l'histoire des mouches.

Le prieur. Lorsque nos jeunes abeilles ont pris l'essor, on les voit longtemps voleter en bourdonnant dans l'air, chercher une retraite commode et s'attacher comme un peloton à un tronc d'arbre ou à une branche. Il faut croire qu'il y a des députés d'entre elles chargés d'aller à la découverte. Lorsqu'elles ont trouvé ou un trou spacieux dans une muraille, ou le creux de quelque vieil arbre, ou un panier que les gens de la campagne attentifs ne manquent pas de leur présenter après l'avoir frotté avec du thym, du serpolet et autres herbes odoriférantes, la reine, sur le rapport qu'on lui vient faire ou sur ce qu'elle voit par elle-même, se met en marche; le peloton se détache et la suit; elle entre dans l'ouverture présentée, prend possession de la place et s'y loge avec tout son peuple. Ce qui se passe dans l'intérieur est plus du ressort de M. le comte que du mien.

Le comte. On peut considérer dans le travail des abeilles la matière qu'elles emploient pour bâtir, la destination de ce bâtiment et la manière dont tout s'exécute. La matière du bâtiment n'est que de la cire; nous en avons indiqué plus haut l'origine et l'élaboration. La destination de l'ouvrage est de s'y loger, elles et leurs petits, et d'y emmagasiner des provisions. Quant à la façon de travailler, voici une partie de leur police : je ne sais pas quelle langue on parle au pays des abeilles, mais c'est un fait qu'elles s'entendent. Quand on commence le travail de la ruche, elles se par-

tagent en quatre bandes : les unes vont chercher
aux champs les matériaux dont l'ouvrage est construit, d'autres mettent les matériaux en œuvre
et dégrossissent l'ouvrage en ébauchant le fond
et les cloisons des cellules, d'autres polissent le
tout, recherchent les angles, enlèvent la cire qui
est de trop et amènent l'ouvrage à sa perfection ;
les quatrièmes apportent à manger à celles qui ne
peuvent pas quitter l'ouvrage. On ne donne rien
à celles qui vont aux champs, on suppose qu'elles
ne s'oublient pas ; on ne donne rien non plus à
celles qui commencent les cellules. A la vérité
c'est un ouvrage pénible, parce qu'il leur faut
applatir, étendre, couper, redresser la cire avec
leurs mâchoires ; mais celles qui sont chargées de
ce rude travail ont ordre ou permission de s'en
retirer bien vite ; elles vont chercher leur nourriture aux champs et se délassent d'une occupation
fatigante par cette autre qui l'est beaucoup moins.
Celles qui succèdent à celles-là passent et repas-
sent leur bouche, leurs pattes et l'extrémité de
leurs corps sur tout l'ouvrage ; elles ne quittent
point prise que tout ne soit poli et parfait. Comme
ces dernières ont besoin de se repaître de temps
en temps et ne doivent cependant point quitter,
il y en a d'autres toujours prêtes à leur donner à
manger quand elles en demandent.

LE CHEVALIER. Les avez-vous vu servir ?

LE COMTE. Très-distinctement ; on se parle par

signes. L'ouvrière qui a faim baisse la trompe devant la dépensière, et cela signifie qu'il faut lui donner à manger. La dépensière ouvre sa bouteille de miel et en verse quelques gouttes que j'ai vues rouler très-distinctement tout le long de la trompe de l'autre, qui devenait plus large partout où la liqueur passait. Son petit repas pris, elle recourait à l'ouvrage, elle remuait les pattes et tout le corps comme auparavant.

LE CHEVALIER. Cet ouvrage est-il bien long à faire ?

LE COMTE. Quoique la propreté et les proportions en soient admirables, la diligence des ouvrières est si grande, qu'un rayon, à doubles logettes ou cellules adossées les unes contre les autres et d'un pied de long sur six pouces de large, est expédié en un jour, en sorte que trois mille abeilles y peuvent loger.

Lorsque les abeilles sont réunies dans leur nouvelle demeure, elles s'occupent de la nettoyer avec soin; puis un grand nombre d'ouvrières sortent pour aller recueillir sur les bourgeons des arbres, et particulièrement sur le peuplier, le chêne, le marronnier d'Inde, une matière résineuse, ductile, odorante, rougeâtre, appelée *propolis*, d'un mot grec qui signifie *avant ville*. A mesure qu'une abeille rentre, les pattes chargées de propolis, ses compagnes viennent successivement lui en enlever des parcelles qu'elles ramollissent entre leurs mandibules, et avec lesquelles elles calfeu-trent hermétiquement toutes les parois intérieures de la ruche.

Les abeilles savent faire plus d'un usage de cette espèce de glu. Voici à ce sujet une histoire dont j'ai été témoin. Un limaçon s'avisa, il y a quelques jours, de se glisser dans la ruche de verre qui est à ma fenêtre; il n'y avait que ce qu'il fallait pour entrer, mais enfin il entra. Les portières le reçurent mal. Quelques premiers coups d'aiguillon lui firent doubler le pas; mais le stupide animal, au lieu de regagner la porte, crut se sauver en avançant toujours. Le voilà au beau milieu de la ruche. Aussitôt une foule d'abeilles lui tombèrent sur le corps. Il expira bientôt sous les coups. L'embarras fut après cela parmi les mouches de se délivrer du cadavre. On tint conseil là-dessus.

Le chevalier. Et M. le comte entendit sans doute les délibérations.

Le comte. D'un bout à l'autre. Voici ce qui fut représenté par les plus sensées : vouloir jeter le limaçon dehors, c'était entreprendre l'impossible; la masse était trop lourde et le cadavre d'ailleurs tenait par sa glu au plancher de la ruche; le lais-ser là au milieu de la place, c'était y amorcer les mouches communes, c'était s'exposer à la cor-ruption et aux vers; les vers, après avoir dévoré les chairs du limaçon, ne manqueraient pas de

monter aux rayons et de se jeter sur les vermisseaux des abeilles. Le mal était sûr et demandait
un prompt remède. Vous ne devinerez pas l'adresse
dont on se servit pour s'en garantir. Mais vraiment je voudrais savoir là-dessus votre sentiment, M. le chevalier. Qu'aurait-il fallu faire?

LE CHEVALIER. Assurément c'est une malice de
me faire cette question. Il se trouvera que les
mouches auront plus d'esprit que moi. Comment
firent-elles, je vous prie?

LE COMTE. Elles enduisirent de propolis tout le
limaçon et le mastiquèrent de façon que, n'ayant
air par aucun endroit, il ne pouvait ni recevoir
de dehors les œufs d'un insecte ni exhaler aucune
mauvaise odeur, quand il se serait corrompu dans
cette croûte.

LE CHEVALIER. Vous me montrerez, Monsieur,
le tombeau du limaçon?

LE COMTE. Je vous le montrerai dès aujourd'hui;
il n'y manque qu'une épitaphe.

LE CHEVALIER. Quand tout le dedans de la ruche
est bien poissé et que les abeilles sont bien à couvert, comment rangent-elles leurs maisons?

LE COMTE. Après que la circonvallation dont nous
avons parlé a été établie autour de la cité, les
abeilles s'occupent de la construction des édifices
intérieurs. Ces édifices sont les gâteaux ou rayons
destinés à recevoir dans leurs alvéoles les œufs que
la reine pondra et à loger les provisions com-

munes. C'est la cire qui servira de pierres à bâtir. Rappelez-vous ce que M. le prieur vous a dit de la structure géométrique si remarquable des cellules construites par les guêpes : celle des alvéoles des abeilles est absolument la même; c'est le même problème résolu : « Renfermer dans un espace donné le plus grand nombre possible d'alvéoles réguliers et les plus grands possibles avec la plus grande économie possible de matière et de travail. » D'après les calculs des plus habiles géomètres, il est démontré que, de toutes les figures, il n'en est aucune qui, dans le même espace limité, ménage autant la place et les matériaux que l'hexagone, et c'est précisément l'hexagone que l'abeille a adopté dans la construction de ses cellules.

Voilà pour les parois latérales. La structure du fond n'est pas moins digne d'admiration : c'est une calotte pyramidale résultante de la réunion de trois losanges ou rhombes, dont les bords s'adaptent obliquement à ceux du tube hexagonal qui constitue les parois de la cellule. Vous savez que chaque gâteau se compose de deux séries d'alvéoles adossés par leur fond, mais le fond d'un alvéole ne correspond pas avec le fond de l'alvéole du côté opposé; ces alvéoles sont disposés de telle sorte que l'axe de chacun répond au point de jonction de trois alvéoles contigus sur la surface opposée. C'est ce que vous vérifierez au moyen d'une expérience bien simple : introduisez trois épingles dans l'intérieur d'une cellule et percez avec chaque épingle le milieu de chacun des trois rhombes qui constituent le fond ; chacune d'elles aboutira à une cellule propre, du côté opposé. De plus, les trois cloisons rhomboïdales qui composent cette pyramide sont inclinées sous de tels angles, que l'espace perdu dans cette partie est encore le moindre possible. Telle est la disposition des alvéoles dans les ruches des abeilles, disposition si parfaitement calculée, qu'il a fallu tout le génie des mathématiciens pour parvenir à comprendre ces prodiges d'intelligence et d'industrie.

Le chevalier. Et le miel, Monsieur, voudriez-vous me dire ce que c'est, et comment les abeilles le recueillent?

Le comte. On croyait autrefois que le miel était un écoulement de l'air, une rosée qui tombait sur les fleurs, comme si elle avait commission de ne tomber que là. Mais on a découvert que la rosée et la pluie sont très-contraires au miel, le font couler et empêchent les abeilles d'en trouver. Le miel est plutôt un écoulement, une transpiration de ce qu'il y a de plus fin dans la sève des plantes, qui s'échappe par les pores et s'épaissit sur les fleurs ; et comme les pores sont plus ouverts au grand soleil qu'en tout autre temps, aussi ne voit-on jamais les fleurs plus couvertes d'un suc gluant et vermeil, ni les abeilles montrer plus d'ardeur et de joie, que quand le soleil est le plus brûlant.

LE CHEVALIER. Dès que nous savons ce que c'est que le miel, il me semble que nous pourrions bien nous-mêmes aller le recueillir sur les fleurs.

LE COMTE. Oui sans doute, la chose est faisable. Il ne faut qu'un outil pour cela. Mettez-vous à l'atelier, mon cher chevalier; faites une trompe. Je vous en ai montré deux hier.

LE CHEVALIER. J'ai bien mérité avec ma réflexion qu'on se moquât de moi. Mais voici la question que j'aurais plutôt dû faire. L'abeille se contente-t-elle de sucer le miel sur les fleurs et de le rapporter au logis? ou bien pensez-vous que le suc des fleurs soit une matière qu'elle façonne et qui se change en miel par son travail?

LE PRIEUR. Pour moi je croirais que l'abeille ne donne aucune façon au miel; qu'elle recueille avec propreté ce sirop délicieux tel que la nature le produit, qu'elle en emplit sa bouteille et va ensuite la décharger au magasin.

LE COMTE. Je pense comme vous là-dessus, et je n'ai point remarqué qu'elles pussent, comme Virgile le prétend, épaissir le miel lorsqu'il est trop liquide. Il se peut bien faire qu'en le recevant dans leur corps, elles l'épurent et lui donnent quelque consistance; mais tout ce que j'ai vu sur l'article du miel se réduit à ceci : elles le sucent avec leur trompe, elles le vident en arrivant dans le quartier des rayons destinés pour cet usage, et des loges qu'elles ont emplies de miel, elles ferment les unes avec de la cire, pour les décoiffer au besoin en hiver; elles laissent les autres ouvertes, et tout le monde y va prendre ses repas avec une sobriété édifiante.

LE CHEVALIER. Assurément il y a plus d'ordre parmi les abeilles que parmi nous.

LE PRIEUR. Une ruche est une école où il faudrait [envoyer bien des gens. La prudence, l'industrie, l'amour de son semblable, l'amour du bien public, l'amour du travail, l'économie, la propreté, la tempérance, toutes les vertus se trouvent chez les abeilles; disons mieux, elles nous en donnent des leçons.

LE COMTE. Ce qui me touche le plus dans ces petits animaux, c'est de voir parmi eux cet esprit de société qui en a formé un corps policé, étroitement uni et parfaitement heureux. Voyez un essaim d'abeilles, et observez quel esprit conduit chacune d'elles. Toutes travaillent pour le profit commun; toutes sont soumises aux lois et aux règlements de la compagnie. Nul esprit particulier, nulle distinction que celles que la nature ou le besoin de leur petit État a introduites entre elles. On ne les vit jamais se lasser de leur condition, ni abandonner la ruche, dégoûtées de se voir esclaves ou sans bien. Elles se croient au contraire parfaitement libres et parfaitement riches, et elles le sont en effet. Elles sont libres, parce qu'elles ne dépendent que des lois. Elles sont heureuses parce que le concours de leurs différents services produit à coup sûr une abondance qui fait la richesse de chacune d'elles. Comparons à cela les sociétés humaines : elles nous paraîtront monstrueuses. Le besoin, la raison et la philosophie les ont formées sous le prétexte louable de s'entr'aider par des services mutuels; mais l'esprit particulier y ruine tout, et la moitié des hommes, pour se donner le superflu, ôte à l'autre moitié le simple nécessaire.

LE PRIEUR. Tant que les hommes ne sont point conduits par l'esprit de Dieu, ils sont sans difficulté les plus injustes et les plus corrompus de tous les animaux.

LE COMTE. J'ai le cœur serré quand je vois jusqu'où notre espèce se dégrade, surtout par cette fureur de s'agrandir et d'être à l'aise, sans se mettre en peine si les autres ont seulement un habit et du pain. Laissons là ce spectacle qui est affreux, et continuons d'examiner les mœurs de ces petits animaux qui vivent si paisiblement en société.....

LE CHEVALIER. Ah ! Monsieur, tout est perdu : voilà cinq ou six chasseurs qui descendent dans la cour et dont on mène les chevaux à l'écurie.

LA COMTESSE. Rien ne nous presse de partir. Ces Messieurs se font débotter, et l'on nous avertira. M. le prieur nous a montré les gâteaux et tout ce qu'ils contenaient, mais il ne nous a pas fait voir ce qu'il y a dans ce panier.

LE PRIEUR. Vous connaissez les cellules destinées à loger les petits ; j'ai ici dans une feuille de papier blanc un morceau de rayon où est le miel

LE CHEVALIER. N'y a-t-il pas quelque façon à donner au miel avant de le manger?

LE PRIEUR. Non : voilà le miel dans toute sa pureté : il est beaucoup meilleur de la sorte que quand il a été sali par la main de l'homme. Mordez sans façon à même, jetez seulement la cire de côté.

LE CHEVALIER. Je n'ai jamais rien goûté de plus délicat. Je ne m'étonne plus de ce que les auteurs qu'on me fait lire parlent toujours du miel quand ils veulent dire qu'une chose est très-agréable.

LE PRIEUR. Le miel était le sucre des anciens. Nous faisons aujourd'hui assez peu d'usage du miel, depuis que nous tirons le sucre des Indes orientales et occidentales.

LA COMTESSE. M. le chevalier, il me semble que vous êtes assez du goût des anciens.

LE CHEVALIER. Madame, j'ai ignoré jusque aujourd'hui ce que c'était qu'un rayon de miel.

LA COMTESSE. Devenez, devenez savant, à la bonne heure. Vous le voyez, M. le prieur est toujours le même, il assaisonne tout ce qu'il fait. Au sortir d'ici, il s'en ira catéchiser dans quelque cabane où, au lieu de miel, il ne manquera pas de porter son aumône.

LE PRIEUR. Je suis réjoui que ma méthode vous plaise ; je continuerai toujours à fournir l'instruction et même à faire la dépense du miel tant qu'on voudra; celle de l'aumône est votre affaire, et je n'y suis le plus souvent que commissionnaire.

LE COMTE. Ces petits animaux qui vivent en société s'entr'aident bien, se préviennent même avec une bonté merveilleuse, et nous pourrions laisser notre semblable dans le besoin! Je trouve au contraire que le plus satisfaisant de tous les plaisirs est celui d'empêcher qu'il n'y ait des malheureux, et c'est un plaisir qui peut croître à proportion de notre bien. Allons joindre la compagnie.

CINQUIÈME ENTRETIEN.

Les Poissons.

LE COMTE, LA COMTESSE, LE PRIEUR,
LE CHEVALIER.

LA COMTESSE. M. le chevalier, nous venons troubler d'agréables rêveries. Il y a une heure et plus que je vous vois couché sur le gazon qui borde ce bassin : peut-on savoir ce qui vous occupait si fort?

LE CHEVALIER. Je suis venu rendre visite aux perches et aux carpes que je conservai hier de notre pêche, et que j'ai mises ici dans l'eau; je leur ai jeté du pain, qu'elles viennent manger avec avidité. J'ai suivi tous leurs mouvements, et il m'est venu bien des pensées sur la nature des poissons et bien des questions à proposer à ces Messieurs. D'abord je ne comprends pas comment l'eau, qui suffoque tous les autres animaux, ne nuit pas à ceux-ci : ensuite je voudrais savoir de quoi les poissons vivent, et enfin comment, sans pieds, sans bras, sans griffes, sans trompe, sans aiguillon, ils peuvent avancer et attraper leur proie.

LA COMTESSE. Si vos rêveries produisent toujours des questions aussi sensées, rêvez souvent, Monsieur, vous parviendrez à faire des découvertes. Rien de tout ce que vous me demandez ne m'était encore venu dans l'esprit, et je serai fort aise d'entendre les réponses qu'on nous prépare.

LE PRIEUR. Je pourrai vous donner quelques éclaircissements sur l'élément et sur la nourriture des poissons, mais ce qui regarde leur mouvement progressif et leur manière de nager appartient à une physique plus délicate que la mienne : ce sera l'affaire de M. le comte.

Je m'en vais reprendre de suite les rêveries de notre aimable philosophe. Je me remets sur le bord d'un grand bassin. C'est moi qui suis le chevalier du Breuil, et voici les pensées qui me viennent. Jusqu'ici on m'a fait voir des créatures vivantes dans toute la nature. L'air est habité par cent sortes d'animaux; d'autres traversent les campagnes et rampent sur la terre. Il y a des familles dans le fond des bois; il s'en trouve dans le cœur des feuilles et sous l'écorce des arbres; d'autres se logent dans les crevasses des murailles, au fond des antres et des rochers; les entrailles mêmes de la terre sont creuses et peuplées. Mais tous ces animaux, si différents entre eux par leur naturel et par leur manière de vivre, ont cela de commun qu'ils respirent l'air, et voici un autre élément où ils périssent tous quand on les y plonge. Est-il donc impossible de vivre dans l'eau? et l'eau, qui couvre plus de la moitié de notre globe, sera-t-elle sans habitants? Tout au contraire : j'y en découvre d'innombrables sortes; et comme les animaux qui couvrent la terre meurent sous l'eau, je vois de même les habitants des eaux périr à l'air et ne pouvoir se passer de l'élément qui leur a été assigné. Les animaux qui vivent sur la terre ont ou des plumes, ou un duvet délicat, ou de bonnes fourrures pour se défendre de l'action de l'air, qui se refroidit quelquefois excessivement. Je ne trouve rien de semblable chez les poissons : qu'ont-ils donc pour résister à un élément encore plus froid que l'air? Rappelons-nous ce que nous avons quelquefois vu en maniant ou en regardant ouvrir un poisson : la première chose qui se présente en le touchant est une certaine colle dont tout son corps est enduit par dehors; je trouve ensuite une couverture composée de fortes écailles, et, avant de parvenir à la chair du poisson, je trouve encore une espèce de lard ou de chair huileuse qui s'étend d'un bout à l'autre et qui enveloppe le tout. Je ne comprends ni comment cette écaille peut se former, croître et s'entretenir, ni quelle est l'origine et le réservoir de cette huile ; mais cette écaille, par sa dureté, et cette huile, par son antipathie avec l'eau, conservent au poisson sa chaleur et sa vie. On ne pouvait lui donner une robe qui fût à la fois plus légère et plus impénétrable. Ainsi, partout où je porte mes yeux, j'aperçois une sagesse toujours féconde en nouveaux desseins, qui connaît parfaitement tout ce qui entre dans son ouvrage, et qui n'est jamais contredite ou gênée par la désobéissance des matériaux qu'elle emploie.

Le chevalier. Je m'aperçois que je rêve assez bien ; j'ai du plaisir à m'entendre, et je suis d'avis de continuer.

Le prieur. Continuons, je le veux bien ; mais, au lieu du bord de ce bassin, imaginons-nous voir le bord de la mer ; plaçons-nous sur le haut d'une falaise, d'où notre vue s'étende en liberté sur ce bassin immense que la main de Dieu a creusé. Les eaux salées qu'il contient sont apparemment stériles, ou, si elles donnent la vie à quelques animaux, la chair n'en sera pas propre à nous nourrir. Mais je me trompe : ce n'est pas en vain que la parole de Dieu a constitué l'homme maître des poissons de la mer comme des autres animaux, et je vois même sortir de toutes les côtes voisines des barques de pêcheurs qui vont recueillir les présents de la mer, ou qui nous rapportent des nourritures également variées et délicieuses. Ici mon étonnement redouble. Les hommes ont fait bien des efforts pour pouvoir mettre en usage l'eau de la mer dans les voyages de long cours, et ils sont, dit-on, parvenus à la dessaler jusqu'à un certain point; mais elle n'en est pas plus propre à boire. Ni les filtrations, ni les distillations, ni aucun moyen n'ont pu jusqu'ici dépouiller l'eau marine de l'amertume dont elle est intimement pénétrée. C'est néanmoins dans cette eau, dont le goût est si triste et si insupportable, que Dieu engraisse et perfectionne la chair de ces poissons que les voluptueux préfèrent aux oiseaux les plus exquis. Voilà des choses qui paraissent impossibles et que je ne puis cependant désavouer. A chaque pas que je fais, je m'aperçois que, dans la nature comme dans la religion, Dieu m'oblige à croire comme certain ce qu'il ne juge pas à propos de me faire comprendre, et que, content de me montrer l'existence et la réalité des merveilles qu'il opère, il exige de moi le sacrifice de ma raison sur la nature de ce qu'il a fait et sur la manière dont il le produit.

Continuons à parcourir la côte; approchonsnous de quelques-uns des pêcheurs, et voyons ce qu'ils ont pris. Dans un élément qui ne produit rien, la fécondité et la multitude des habitants ne peut pas être grande ; tout ce que je vois me passe, et mon raisonnement se trouve encore ici en contradiction avec l'expérience. Contre mon attente, voilà des pêcheurs qui rapportent une quantité considérable de moules, de crevettes, de crabes, de homards d'une taille monstrueuse, des monceaux d'huîtres d'une blancheur et d'une graisse qui excitent l'appétit. J'en vois d'autres qui nous tirent de leurs filets et qui étalent avec complaisance des turbots, des carrelets, des barbues, des limandes, des plies, et de toutes ces sortes de poissons plats, taillés en losanges, dont la chair est si estimée. D'un autre côté, j'aperçois une flotte entière de barques qui reviennent chargées de harengs. En d'autres temps, au lieu de harengs, ce sont des nuées de maquereaux ou de merlans qui viendront d'eux-mêmes se présenter à nous sur les côtes, et la capture d'un jour fournira des provisions à une province entière. Il semble que la mer ne puisse contenir les trésors qu'elle enfante. Des légions d'éperlans commencent, au printemps, à remonter par l'embouchure des rivières ; les aloses ne tardent pas à suivre la même route et à perfectionner leur chair dans l'eau douce ; les saumons continuent de même jusqu'en juillet, et plus tard, à faire la joie des pêcheurs à des distances de soixante et quatre-vingts lieues de la mer. Chaque saison nous apporte de nouveaux plaisirs, sans interrompre les présents ordinaires qu'elles nous font toutes de lamproies, d'éperlans, de bars, de thons, de dorades, de rougets, de soles, de raies et de tant d'autres qui garnissent toutes les tables et contentent tous les goûts. Quelle délicatesse et quelle profusion tout à la fois dans les libéralités de cet élément!

Mais cette délicatesse même sera peut-être cause que les riches seuls pourront y prétendre, ou bien l'abondance en sera si grande, que la corruption du tout ou de la meilleure partie en préviendra la consommation. Un peu de sel va remédier à ce double inconvénient : je vois tous nos pêcheurs occupés à encaquer leurs harengs après les avoir salés. Vers la haute mer paraissent déjà les vaisseaux qui nous rapportent de Terre-Neuve un nombre incroyable de grandes morues conservées avec la même précaution. C'est ainsi que la mer nous comble de biens et nous donne encore le sel, qui en facilite la communication et en assure le transport. Par là, les pauvres les plus éloignés de la mer se ressentent aussi de ses faveurs, et s'en ressentent à peu de frais. Je n'ai point d'expressions qui répondent à ma surprise et à ma reconnaissance. Dans cette prodigalité de la mer, je remarque encore une précaution qui en relève le prix et qui est pour nous un nouveau bienfait : les poissons dont la chair est saine et bienfaisante sont d'une fécondité extrême; ceux dont la chair est peu agréable ou malfaisante, et que leur taille monstrueuse rend redoutables aux autres, sont communément vivipares, c'est-à-dire qu'ils mettent au monde des petits tout formés, et n'en ont qu'un ou deux tout au plus : tels sont la baleine, le dauphin, le marsouin, le veau marin. La même sagesse qui a si utilement réglé les bornes de leur fécondité écarte de nos bords ceux dont nous pouvons le plus aisément nous passer, au lieu qu'elle amène dans nos filets et sous notre main ceux qui nous sont le plus utiles.

Les baleines, les marsouins, et en général tous les grands cétacés, dont la vue alarmerait et ferait fuir les poissons qui nous nourrissent, cherchent la haute mer, de crainte d'échouer sur les côtes, où ils pourraient manquer d'un volume d'eau suffisant pour les soutenir. Une main invisible les pousse vers les parties que les autres abandonnent; elle les nourrit sous les glaces du Nord et le long des mers qui bordent le Groënland, où elle les envoie pour être la ressource des habitants de cette terre désolée. Ils en mangent la chair, ils en boivent le lard fondu, et emploient les os et la peau pour construire et revêtir les barques sur lesquelles ils font leur pêche.

Toutes les autres espèces, au contraire, viennent se ranger sur nos côtes : les unes sont toujours avec nous, d'autres nous arrivent tous les ans par caravanes; on connaît le temps de leur passage, même la route qu'elles tiennent, et l'on profite bien de cette connaissance. Il part des mers polaires, chaque année, des colonies qui enfilent, à différentes reprises, le canal de la Manche, et, après avoir longé la Hollande et la Flandre, viennent se jeter sur les côtes septentrionales de la France. La marche de ces nuées de poissons est animée par l'appât d'une nourriture plus abondante qu'ils trouvent dans nos parages. Nos pêcheurs et ceux de Hollande ont remarqué qu'il naissait en été, le long de la Manche, une multitude innombrable de certains vers et de petits poissons dont les harengs se nourrissent. C'est une manne qu'ils viennent recueillir fidèlement. Si ces nourritures manquent, les harengs vont chercher leur vie ailleurs; le passage est plus prompt et la pêche moins bonne. Ils pondent en route, et leur *frai*, qui recouvre la surface de la mer dans une grande étendue, ressemble de loin à de la sciure de bois. Les meilleurs harengs sont ceux que l'on prend le plus au nord; une fois arrivés aux côtes de Basse-Normandie, ils sont épuisés, et leur chair est sèche et désagréable. La prodigieuse multiplication de ces animaux cessera de vous étonner quand vous saurez qu'une femelle de moyenne grandeur renferme plus de soixante mille œufs *.

---

* Les Hollandais employaient autrefois à la pêche de ce poisson

Les morues sont peu fréquentes dans nos mers; c'est surtout sur les côtes de la Norwège, dans le voisinage de l'Islande et dans les eaux de Terre-Neuve qu'abonde ce précieux poisson. Pendant l'hiver, il se tient dans les couches les plus profondes de la mer, et, en été, il se rapproche du rivage pour jeter son frai. La pêche et la préparation de la morue sont une branche d'industrie qui a diminué de beaucoup l'importance de la pêche du hareng. Nous y envoyons tous les ans douze mille marins bretons et normands, dont les deux tiers au moins se rendent à la côte de Terre-Neuve. Cette navigation périlleuse et pénible est la meilleure école pour former d'habiles et courageux matelots. Ils font leur pêche, tantôt au moyen de seines longues de cinq cents pieds, tantôt à la ligne, en amorçant leur hameçon avec des capelans ou du hareng. Un pêcheur adroit prend quatre cents morues par jour.

Depuis les plus gros animaux que les eaux produisent jusqu'aux plus petits, tout est en action et

deux mille bâtiments, et nous lisons dans le *Récit d'un vieil pèlerin*, adressé à Charles VI, roi de France, par Philippe de Mézières, que ce dernier a vu, dans un bras de mer long de quinze lieues et large de deux, situé entre le Danemarck et la Norwège, les harengs passer si serrés, qu'*on les pourrait tailler à l'épée.* Il y avait dans ce détroit quarante mille bateaux pêcheurs montés chacun de huit hommes, sans compter les *grosses et moyennes nefs*, qui ne faisaient autre chose que recueillir et saler en caque les harengs qu'on avait pêchés.

(NOTE DE L'ÉDITEUR.)

en guerre : ce n'est que ruses, que fuites, que
détours et que violences; on s'y entre-pille, on s'y
entre-mange sans pudeur ni mesure. Mais il me
vient une pensée : si les habitants des eaux sont
toujours à l'affût pour dévorer les œufs et les
laites les uns des autres et pour s'entre-dévorer
eux-mêmes, cet élément cessera enfin d'être peu-
plé, et il y a même longtemps qu'il ne le devrait
plus être; les moindres poissons servant de nourriture aux plus forts, leur espèce aurait dû s'é-
teindre, et les plus forts doivent périr à leur tour,
faute de nourriture. Mais rien n'est si frivole que
les critiques que les hommes osent faire des ouvrages de Dieu; il a pourvu à la conservation des
poissons en donnant aux uns la force, aux autres
la légèreté et la prévoyance, et en les multipliant
tous d'une manière si prodigieuse, que leur fécondité surpasse leur ardeur naturelle à se dévorer,
et que ce qui s'en détruit est toujours fort au-dessous de ce qui sert à les renouveler pour notre
service. Quelque grand que soit le nombre des
morues qui ont été consommées par les hommes
cette année, ou dévorées en mer par d'autres poissons, ce qui en reste est toujours plus que suffisant pour nous en redonner un pareil nombre un
ou deux ans après. En voici la preuve : lorsque
j'allai voir le port de Dieppe, on nous apprêta une
très-belle morue fraîche, mais fort inférieure à
celles qui nous viennent du grand banc. Je fus

curieux de compter les œufs qu'elle portait. J'en pris la pesanteur d'un gros, et nous nous mîmes à trois sur ce gros. Nos trois sommes rapprochées et le total du gros arrêté, nous pesâmes toute la masse d'œufs et nous répétâmes huit fois la même somme pour autant d'onces qu'il s'en trouva dans le tout. De l'addition de toutes ces sommes il se forma un total de neuf millions trois cent quarante-quatre mille œufs.

La comtesse. M. le prieur, je ne compte point après vous; je n'ai aucune peine à croire ce que vous me dites, quelque incroyable qu'il paraisse d'abord. Une carpe commune n'a pas à beaucoup près autant d'œufs qu'une grande morue; mais la quantité en est cependant si énorme, qu'elle aide beaucoup à rendre votre calcul recevable. Tout ce que vous venez de dire me frappe beaucoup et me met aussi en humeur de rêver, c'est-à-dire de raisonner. Quand on cherche quelles peuvent être la fin et la destination de cette prodigieuse fécondité, on voit bien que ce n'est pas de donner aux rivières et à la mer autant de poissons qu'il s'y trouve d'œufs, autrement je pense que le bassin de la mer ne serait pas suffisant pour les contenir; mais on voit que cette fécondité tend à un double bien : premièrement, de conserver l'espèce, quelque accident qu'il arrive; ensuite de donner aux poissons vivants une nourriture copieuse et succulente.

Le chevalier. Je vois à présent une partie des moyens que les poissons ont reçus pour vivre dans l'eau et s'y conserver. J'y vois les vers, les coquillages, les œufs, les laites et les petits poissons en si grande abondance, que je ne suis plus en peine de la fourniture de leur table. Les habitants des eaux ont du pain assuré, mais leurs nourritures se cachent et fuient devant eux, et je ne vois aux poissons qu'une tête, un gros corps immobile et une queue. Comment avec si peu d'organes pourront-ils avancer, nager, atteindre leur proie? Il y a encore une chose où je me perds. Avant de jeter ma dernière carpe à l'eau, je m'avisai de lui couper les nageoires. Je crus qu'elle ne nagerait plus, et cependant cette carpe s'avance, monte et descend; mais elle est toujours couchée sur un côté ou le dos en bas, au lieu que toutes les autres nagent sur le ventre.

La comtesse. Le pauvre chevalier ne dormira point qu'on ne lui ait expliqué toutes ces énigmes.

Le comte. La locomotion s'effectue au moyen de muscles qui fléchissent latéralement la colonne vertébrale et impriment au corps des poissons, par ces flexions alternatives du tronc et de la queue, presque toute la vitesse dont ils sont animés pendant la natation. Les nageoires servent plus particulièrement à la direction de la course et surtout au maintien de l'équilibre. Pour apprécier le rôle des nageoires dans les divers mouvements des

poissons, on peut faire les expériences suivantes :
si l'on coupe les nageoires pectorales, la tête du
poisson descend au fond de l'eau, et il ne peut
plus reprendre la direction horizontale ; si l'on ne
coupe qu'une de ces nageoires, le poisson reste
dans une position penchée ; si l'on coupe aussi la
nageoire ventrale qui est du même côté, le poisson perd complétement l'équilibre ; enfin, si l'on
coupe les nageoires dorsales et ventrales, le poisson roule à droite et à gauche. Après la mort,
lorsque les nageoires ont cessé d'agir, le ventre
du poisson se tourne en dessus. Toutes les nageoires sont donc nécessaires à l'équilibre.

Ces organes ne sont pas moins nécessaires au
mouvement. Le poisson veut-il reculer, il donne
un coup en avant avec les nageoires pectorales ;
veut-il tourner d'un côté, il donne un coup de
queue du côté opposé ; veut-il se porter en avant,
il frappe l'eau à droite et à gauche par des déploie-
ments instantanés de la queue. Le poisson peut
ainsi se mouvoir non-seulement avec une agilité
inconcevable, mais encore avec une facilité, une
égalité, une grâce, un moelleux que l'on ne rencontre dans aucune autre classe d'animaux, si l'on
en excepte peut-être celle des oiseaux. Lorsqu'on
lui coupe la queue, il perd complétement la faculté de se diriger et s'abandonne au courant qui
le maîtrise ; l'appendice caudale fait tout à la fois
l'office de rames et de gouvernail, et les autres

nageoires ne paraissent être que ses auxiliaires. C'est en repliant la queue jusque vers la tête et en la débandant ensuite comme un ressort violent, que les poissons accélèrent ou retardent leur mouvement, changent leur direction, se tournent, se retournent, se précipitent, s'élèvent, s'élancent au-dessus des eaux, franchissent de hautes cataractes et sautent jusqu'à plusieurs mètres de hauteur *.

Une particularité bien remarquable de l'organisation des poissons relative à leurs mouvements progressifs, est l'existence d'une poche intérieure, nommée *vessie natatoire*, fréquemment attachée à la colonne vertébrale dans la partie la plus haute de l'abdomen. C'est là encore une invention toute mécanique ; c'est l'appareil d'une expérience de physique dans le corps d'un animal. On sait que d'après les lois de l'hydrostatique, si un corps de même poids spécifique que l'eau, et en équilibre dans ce liquide, vient à augmenter de volume sans que la masse change, il monte vers la surface,

---

* Une circonstance digne d'être notée, dans la construction de ce même appareil, est celle que présentent les cétacés, animaux à sang chaud, qui habitent aussi la mer, mais qui sont obligés de venir respirer l'air atmosphérique au moins de trois minutes en trois minutes. Chez ces animaux, la queue a son tranchant dans le sens horizontal, au lieu de l'avoir dans le sens vertical, comme chez les poissons. Le coup de force de la queue est donc, pour les cétacés, dans une direction perpendiculaire à l'horizon, ce qui facilite beaucoup les mouvements d'ascension et de descente, qui leur sont fréquemment nécessaires. (NOTE DE L'ÉDITEUR).

parce qu'il est devenu relativement plus léger;
si, au contraire, son volume diminue, la masse
demeurant la même, il descend au fond de l'eau,
parce qu'il est devenu relativement plus pesant.
C'est précisément l'office que la vessie natatoire
remplit dans le corps des poissons; le gaz quel-
conque qu'elle contient est susceptible de com-
pression, mais, dès que la force comprimante cesse
d'agir, la vessie reprend ses dimensions. Ainsi,
le poisson veut-il remonter du fond de l'eau vers
la surface, il relâche les muscles qui compri-
maient la vessie; celle-ci, se gonflant, fait augmenter de volume le corps de l'animal, qui, devenu
spécifiquement plus léger, s'élève sans effort. Lorsque, au contraire, le poisson veut descendre, il
lui suffit de comprimer sa vessie aérienne par le
moyen des muscles destinés à cet usage; le gaz
qu'elle renferme s'échappe alors par le conduit
pneumatique; le corps diminue de volume, il re-
devient plus pesant et il est entraîné plus ou moins
rapidement au fond de l'eau. Une machine à plonger peut être construite exactement sur ce principe. Supposons que cela eût été fait et que l'in-
venteur sollicitât un brevet d'invention, les com-
missaires chargés de l'examen n'hésiteraient pas
à prononcer qu'il y a de l'invention dans une telle
machine; quelle raison y aurait-il d'admettre de
l'invention dans une machine à plonger, et de nier
l'invention dans le mécanisme qui fait monter et

descendre les poissons au milieu de l'élément qu'ils habitent*?

LA COMTESSE. Voilà une bouteille d'air qui produit assurément des effets surprenants. Mais il faut que vos poissons soient bien philosophes pour savoir au juste de combien ils doivent s'enfler ou se désenfler, selon qu'ils veulent monter ou descendre, et pour pouvoir lâcher ou fermer à propos le robinet d'air, tendre ou débander à propos leurs muscles pour tel ou tel degré d'élévation dans l'eau.

LE COMTE. Il faut que nos raisonnements le cèdent à l'expérience. Mais ce qui résout suffisamment cette difficulté, c'est que les poissons font toutes ces opérations sans savoir qu'ils les font, et la justesse de l'exécution montre non aucune connaissance ou attention de la part de l'animal en qui la chose se passe, mais uniquement la sagesse impénétrable de l'ouvrier tout-puissant qui a fait toutes choses.

LE PRIEUR. Chez nous-mêmes, à qui Dieu a donné

---

* Le fluide qui remplit la vessie natatoire des poissons paraît être le produit d'une sécrétion des parois glandulaires du réservoir lui-même. Il est à remarquer que cet organe manque ou est très-petit dans les espèces qui se tiennent au fond des eaux ou qui s'enfouissent dans la vase. Il entrait dans le plan du Créateur de peupler l'Océan jusque dans ses plus profonds abîmes; pour y fixer les tribus qu'il y a placées, il n'a eu qu'à leur retirer l'appareil à l'aide duquel d'autres races, plus favorisées, viennent se jouer à la surface et faire resplendir aux rayons du soleil leur cuirasse brillante. (NOTE DE L'ÉDITEUR.)

la raison pour régler nos actions, combien s'y fait-il de choses où nous n'avons aucune part? Nous respirons sans savoir la structure ni l'usage du poumon. Combien de gens ne savent pas qu'il y a chez eux un poumon!

LE COMTE. Nous sautons, nous dansons, nous faisons un pas de danse, sans savoir ni les tendons qu'il faut tirer, ni les muscles qu'il faut gonfler ou relâcher pour faire tel ou tel pas.

LE PRIEUR. Revenons aux différentes utilités que nous retirons des diverses espèces de poissons. Nous apercevons pártout de nouveaux sujets de bénir celui qui a rempli l'eau, comme la terre et l'air, de toutes sortes de biens.

LE COMTE. Les poissons mêmes dont la chair ne nous fait pas plaisir ne sont pas pour cela inutiles à l'homme. Nous avons déjà vu que les poissons du Nord, dont nous n'aimons pas le goût huileux, servent de nourriture à d'autres peuples. aux besoins desquels ils sont plus proportionnés. Il n'y a pas jusqu'à leurs arêtes, leurs barbes et leurs écailles dont plusieurs nations ne sachent tirer service. Il y a un poisson dont les arêtes sont si fortes, que les habitants du Groënland s'en servent au lieu d'aiguille pour coudre les peaux d'ours dont ils font leurs coiffures et leurs habits, qu'ils assemblent avec des boyaux desséchés, en guise de fil. Les mêmes peuples construisent la carcasse ou le corps de leurs grandes barques avec des os de baleines, qu'ils revêtent ensuite de peaux de veaux marins.

On trouve dans la mer Caspienne, dans la mer Noire et dans les grands fleuves qui s'y jettent, l'esturgeon *hausen* ou grand esturgeon, avec les œufs duquel on compose le *caviar,* préparation plus ou moins estimée suivant que les œufs qui en font la base sont plus ou moins bien nettoyés, pressés, mêlés avec du sel, des aromates et divers autres ingrédients. Les peuples de la religion grecque en font un grand usage pendant leurs longs carêmes.

L'ichthyocolle ou *colle de poisson* se prépare aussi avec la vessie natatoire du grand esturgeon. On plonge ces vessies dans l'eau pour les nettoyer et pour les séparer de leur peau extérieure, puis on les coupe en long et on les renferme dans une toile pour les ramollir en les tordant, et les façonner en tablettes ou en petits cylindres. On s'en sert pour coller les vins blancs, clarifier les vins et les liqueurs, faire des mets de dessert, apprêter les rubans, les étoffes, lustrer la soie, faire des perles artificielles, etc. Le *taffetas d'Angleterre* n'est qu'une dissolution d'ichthyocolle étendue sur un tissu et aromatisée. Tout le monde connaît les usages de la *colle à bouche*. C'est en Russie que l'on prépare la plus grande partie de la colle de poisson qui est dans le commerce. Mille grands esturgeons peuvent donner environ trois cents livres d'ichthyocolle.

Assurément, s'il est une considération propre à nous pénétrer d'un sentiment de profonde gratitude envers la Providence divine, si attentive à pourvoir à tous nos besoins, c'est sans doute celle de cette innombrable quantité de poissons placés dans l'Océan, comme dans un immense vivier, pour fournir chaque année à l'homme une masse si considérable d'aliments qui portent la joie et l'abondance dans la chaumière du pauvre * comme à la table de l'opulence et du luxe. Et voyez comme tout est admirablement ordonné pour qu'un plus grand nombre puisse jouir de cet inappréciable bienfait. Outre les espèces si variées qui habitent les eaux douces, d'autres races, et celles-là seules qui peuvent nous servir d'aliment, sortent de la mer à des époques déterminées, et, remontant les fleuves et les rivières, vont offrir un tribut plus précieux que l'or aux peuples fixés dans l'intérieur des continents ; et par une autre disposition non moins manifestement providentielle, les familles de poissons que l'homme recherche et qui ne quittent pas l'Océan, arrivent périodiquement des profondeurs de leurs retraites sur

---

* « Au coin de son foyer, le laboureur mange l'animal qui vivait parmi les baleines du Nord ! C'est ainsi qu'éclatent les soins de cette Providence éternelle par laquelle tout est gouverné dans l'univers. »   *Virey.*

(NOTE DE L'ÉDITEUR.)

les rivages, et donnent lieu ainsi à un commerce auquel un grand nombre de contrées maritimes doivent toute leur prospérité matérielle.

LE PRIEUR. Du sommet des monts qui dominent les parties centrales des continents, descendez par la pensée vers le littoral des mers, en vous abandonnant, pour ainsi dire, au cours des eaux qui se précipitent de ces hauteurs dans les bassins qui les entourent : sur quel ruisseau, sur quelle rivière, sur quel lac, sur quel fleuve, ne verrez-vous pas la ligne ou le filet assurer au pêcheur la récompense de ses soins et de sa peine ? Et lorsque, parvenus à l'Océan, vous vous élèverez encore par la pensée au-dessus de sa surface pour embrasser un hémisphère d'un seul coup d'œil, combien d'escadres ne verrez-vous pas depuis un pôle jusqu'à l'autre, voguer pour les progrès de l'industrie, pour l'accroissement des ressources alimentaires ou économiques qui contribuent si puissamment au bien-être des peuples et à la richesse des empires * ?

---

* « On croirait, dit Bernardin de Saint-Pierre, que quelques Néréides sont chargées tous les ans de conduire, depuis les pôles, ces flottes innombrables de poissons, pour fournir à la subsistance des habitants des zones tempérées, et que, quand elles sont arrivées aux termes de leurs courses, dans les pays chauds où les fruits abondent, elles vident sur le rivage ce qui reste dans leurs filets. » Par ce dernier trait, l'éloquent auteur que nous citons fait allusion aux poissons voyageurs que la mer jette quelquefois en si grande quantité sur certains rivages méridionaux, qu'on en fume les terres. (Voy. Garcillaso de la Vega, *Hist. des Incas*, l. v, c. 3.)   (NOTE DE L'ÉDITEUR.)

SIXIEME ENTRETIEN.

Les oiseaux.

❈

LE COMTE, LA COMTESSE, LE PRIEUR,
LE CHEVALIER.

LE PRIEUR. Allons, M. le chevalier, prenons l'essor et allons reconnaitre les habitants de l'air. Tout l'univers, comme vous voyez, est plein de vie. Chaque partie de la nature a son action et ses animaux propres. Vous ne pouvez faire un pas sans trouver de nouveaux traits d'une sagesse qui est aussi inépuisable dans la diversité des plans de ses ouvrages, que féconde, libre et sûre dans l'exécution. Jetez la vue sur cet oiseau qui vole. Rien de plus naturel aux yeux de l'habitude, rien de si étonnant aux yeux de la raison. On voit bien que la route de l'air, qui a été fermée aux autres animaux, a été ouverte à celui-ci. Le fait est certain, et cependant il paraît impossible. Un oiseau qui vole est une masse qui s'élève en l'air malgré le poids de cet air, malgré cette action puissante qui gravite sur tous les corps et qui les pousse contre terre. Cette masse est emportée, non par une force étrangère, mais par un mouvement qui lui est propre et qui s'y soutient longtemps avec vigueur et avec grâce.

Voici un autre sujet d'étonnement. Je considère tous ces oiseaux, je ne leur vois à tous que deux ailes et je leur trouve à tous une différente manière de voler. Les uns s'élancent par reprises ou avancent par bonds; d'autres semblent glisser dans l'air ou le fendre d'une course égale et unie; ceux-ci vont toujours terre à terre; ceux-là sont capables de s'élever jusqu'aux nues; vous en verrez qui savent diversifier leur vol, monter en ligne droite, oblique ou circulaire, se suspendre et demeurer immobiles dans un élément plus léger qu'eux, planer ensuite, puis s'écarter à droite, à gauche, rebrousser chemin, remonter et se précipiter tout d'un coup, comme une pierre qui tombe, enfin se transporter partout sans obstacle et sans risque au gré de leur besoin ou de leur plaisir. Rendus chez eux, je ne les trouve pas moins admirables. Je suis enchanté de la structure de leur nid,

des soins qu'ils prennent de leurs œufs, du mécanisme même de l'œuf, de la naissance et de l'éducation du petit.

La comtesse. M. le prieur, dans son enthou-
siasme, nous a fort bien rangé les matières de
notre entretien. Je me charge du nid et des occupations domestiques de l'oiseau, car je veux quelquefois fournir à l'entretien comme les autres.
Savez-vous où j'ai fait mes études? auprès de mes
pigeons, de mes tourterelles et de mes serins. Je
les sais tous par cœur.

Le comte. Madame, ce sont là les meilleurs
livres. Les portraits que vous ferez d'après nature
seront toujours les plus vrais.

Le chevalier. Madame a pu apprendre bien des
particularités curieuses dans ce beau cabinet de
verdure que M. le comte a fait entièrement envi-
ronner de fil de fer. Je crois avoir vu dans cette
charmante volière toutes les espèces imaginables
de petits et de moyens oiseaux.

La comtesse. M. le chevalier, cette volière est
un peu de mon invention, et c'est moi-même qui
la gouverne le plus ordinairement. Mes peines sont
payées par des plaisirs qui se diversifient tous les
jours. Les querelles de ces petites gens, leurs ca-
resses, leurs chants, leur travail, les honnêtetés
qu'ils me font la plupart quand je leur rends visite,
tout cela me divertit extrêmement. Je porte mon
ouvrage auprès d'eux; je n'y suis point seule : on

y passe les heures et les après-dînées entières sans que la conversation tombe. Il me semble aussi que c'est l'endroit de la maison le plus cher au chevalier.

LE CHEVALIER. Je suis surpris qu'on ne se donne nulle part un amusement si facile. Mais, Madame, qui nous empêche d'aller tenir notre séance auprès de la volière? c'est le lieu le plus propre pour parler d'oiseaux.

LA COMTESSE. J'y ai remarqué depuis peu deux nouveaux ménages, quoique la saison soit fort avancée. L'affaire est de conséquence, parce que ce sont deux espèces que j'ai à cœur de conserver. Le grand monde et les visites un peu longues les dérangent et leur font souvent abandonner leurs œufs; mais, sans troubler la liberté de nos solitaires, je vous rendrai compte de la structure de leurs nids, comme si vous les aviez sous les yeux.

Je ne me lasse point de remarquer la parfaite ressemblance qui se trouve dans tous les nids des oiseaux d'une même espèce, la diversité qui existe entre le nid d'une espèce et celui d'une autre, l'industrie, la propreté et les précautions qui règnent partout. Comme mes petits prisonniers ne peuvent aller chercher les matériaux nécessaires pour construire leur bâtiment, je leur fais porter tout ce que je crois pouvoir leur faire plaisir. J'observe avec soin de quoi sont composés ces nids que les enfants m'apportent de toutes parts, et je fais jeter dans un coin de la volière des brins de bois sec, des écorces, des feuilles sèches, du foin, de la paille, de la mousse, de la bourre, du crin, du coton, de la laine, de la soie, des toiles d'araignée, des plumes et cent autres menues provisions : tout sert en ménage. Vous ririez de voir tous les habitants venir faire emplette à cette foire. Celui-ci a besoin d'un brin de mousse ; celui-là demande une plume ; il faut à cet autre un fétu ; deux autres mettent l'enchère à un toupet de laine, et il y a quelquefois de grandes querelles. Communément on tranche la difficulté : chacun tire de son côté et emporte au nid ce qu'il peut.

Une espèce place son nid tout au haut des arbres ; une autre aime mieux le mettre sous l'herbe à plate terre ; mais en quelque endroit qu'ils le logent, c'est toujours sous quelque abri. On cherche ou des herbes ou une branche épaisse, ou des feuilles doublées, sur lesquelles la pluie s'écoule comme sur un toit, sans entrer dans la petite ouverture du nid qui est caché dessous. Les dehors du nid sont des matières grossières pour servir de fondement. On y emploie les épines, les joncs, le gros foin, la mousse la plus épaisse. Sur cette première assise, qui est assez informe, ils étendent et plient en rond des matériaux plus délicats et qui, étant bien serrés les uns contre les autres, ferment l'entrée aux vents et aux insectes. Mais chaque espèce a son goût ou une façon de se loger et de se meubler.

Le logis fait, ils ne manquent point de tapisser le
dedans de petites plumes, ou de l'étoffer avec de
la laine ou même avec de la soie, pour entretenir
une chaleur bienfaisante autour d'eux et de leurs
petits. Quand ces secours manquent, il n'est rien
qu'ils n'imaginent pour y suppléer; c'est ce que j'ai
appris des premiers serins que j'ai nourris. Je ne
leur avais donné que du foin pour faire leur nid.
Faute de coton ou de soie, la femelle eut recours
à un expédient qui me surprit. Elle se mit à plumer
l'estomac du mâle sans trouver aucune opposition,
puis elle revêtit fort proprement de ce duvet tout
son appartement.

LE CHEVALIER. Voilà qui est étonnant. Qui avait
appris à cette mère qu'elle aurait des œufs et des
petits et que ces œufs ne pouvaient se passer de
chaleur?

LE PRIEUR. Avec la prévoyance que vous admi-
rez dans cette mère, admirez-y aussi la science et
l'industrie, ou, si vous ne les admettez pas en elle,
reconnaissez-les dans celui qui a donné à l'homme
une raison qui s'étend à toute chose, et aux animaux une imitation de la raison, bornée il est vrai,
à un seul point, mais merveilleuse en ce point;
car n'est-ce pas une raison infinie qui dirige le
travail de cet oiseau quand il fait son nid? Où a-t-il
appris qu'il aurait des œufs, qu'il fallait un nid à
ces œufs pour les empêcher de tomber et pour les
échauffer; que la chaleur ne se concentrerait pas

autour de ces œufs si le nid était trop grand, que tous les petits n'y pourraient pas tenir s'il le faisait trop petit? Comment connaît-il la juste proportion de l'étendue du nid avec le nombre des enfants qui doivent naître? Qui lui a réglé son almanach pour ne point se tromper au temps et pour empêcher que la ponte des œufs ne prévienne la structure du nid?

LE COMTE. Il y a quelque chose qui m'étonne encore plus. Un vannier, qui fait une corbeille, a des doigts et des outils; un maçon a son auge, sa truelle, son plomb et son équerre; mais les habitants de ma volière, qui font des ouvrages de toute espèce, n'ont pour outil que leur bec.

LA COMTESSE. Passez-moi une idée qui me vient. Imaginons-nous Dédale ou tel autre architecte qu'il vous plaira, métamorphosé en oiseau. Plus de bras, plus d'outil, plus de matériaux, il ne lui reste que la science et le bec. Que ferait-il de cette science et de ce bec? L'oiseau n'a que le bec et point de science, et il fabrique cependant des ouvrages où l'on trouve la propreté du vannier et l'industrie du maçon; car il y a de ces nids dont les poils, les crins et les joncs sont adroitement croisés et entrelacés. Il y en a dont toutes les pièces sont proprement attachées et liées avec un fil que l'oiseau se fait avec de la bourre, du chanvre, du crin, et plus ordinairement avec des toiles d'araignée qu'il trouve sans peine, surtout dans les habitations peu fréquentées*. On voit d'autres oiseaux, comme le merle et la huppe, qui, après avoir fait leur nid, en enduisent le dedans d'une petite couche de mortier qui colle et maintient tout ce qui est dessous, et qui, à l'aide d'un peu de bourre ou de mousse qu'ils y attachent quand il est encore frais, forment par dedans une muraille d'une propreté parfaite; disons plutôt un appartement bien meublé, bien garni et propre à conserver la chaleur. Cent fois j'ai vu de ma fenêtre l'hirondelle commencer ou rétablir son nid; c'est un ouvrage d'une structure toute différente des autres: il ne lui faut ni bois, ni foin, ni lien; elle sait gâ-

---

* Nid d'une espèce de mésange. — Parmi les nids remarquables d'oiseaux dont Mme la comtesse ne parle pas, nous mentionnerons celui du *troupiale baltimore* et de quelques autres espèces étrangères. Le baltimore habite l'Amérique et principalement la Louisiane; il établit sa demeure sur les collines à pente douce, et bâtit son nid merveilleux sur le tulipier. C'est dans les feuilles et les larges corolles de cet arbre magnifique qu'il cherche les chenilles et les scarabées dont il fait sa nourriture. Quand le moment est arrivé de préparer le berceau aérien de leur future famille, les baltimores se mettent à l'ouvrage; le mâle ramasse des *barbes espagnoles*, filaments du *tillandsia usneoïdes*, et il en attache habilement un brin par ses deux extrémités à deux branches voisines l'une de l'autre; la femelle arrive ensuite, inspecte son travail, et pose une fibre en travers sur celle de son compagnon; bientôt les fils se superposent et forment un réseau qui prend peu à peu la forme d'un nid. A mesure que la gracieuse construction avance vers sa fin, l'affection des deux époux semble augmenter. Ce nid ne contient aucune substance chaude; il ne se compose que de barbes espagnoles, et il est tissé de manière à laisser passer l'air à travers les mailles qui forment son réseau. Les parents ont compris que la chaleur excessive qui approche incommoderait leurs petits:

cher une espèce de plâtre ou plutôt de ciment, avec lequel elle se fait, et à toute sa famille, un logement également propre, sûr et commode ; elle n'a ni seau pour puiser l'eau, ni brouette pour voiturer le sable, ni pelle pour mêler le mortier ; mais je la vois passer et repasser sur le bassin du parterre, elle tient les ailes élevées et se mouille, ce me semble, la poitrine sur la superficie de l'eau, puis de la rosée qu'elle fait rejaillir sur la poussière elle la détrempe et maçonne ensuite avec le bec.

aussi placent-ils leur nid du côté du nord-est ; mais dans les régions moins chaudes que la Louisiane, telles que la Pensylvanie et l'État de New-York, ils le placent toujours vers le midi et tapissent l'intérieur avec de la laine et du coton.

Le *cassique huppé*, oiseau du Brésil, construit son nid avec un art et des précautions admirables. Il lui donne la forme d'une bourse allongée et renflée à sa partie inférieure ; l'entrée est placée en haut et sur l'un des côtés. Il est tissu de lichens, de fibres d'écorces et surtout des filaments du *tillandsia usneoïdes*, que l'oiseau a rendus semblables à des crins de cheval. Ce nid est suspendu, tantôt à la pointe d'une feuille de palmier, tantôt à l'extrémité d'une branche : mais, dans tous les cas, l'oiseau l'écarte autant que possible du tronc, afin de le rendre inaccessible aux ennemis terrestres, qui pourraient grimper le long de la tige et parvenir jusqu'à ses petits.

De tous les oiseaux, celui dont l'industrie maternelle est peut-être la plus merveilleuse est une petite fauvette indienne surnommée *la couturière*. Elle compose le tissu de son nid de fibres menues, de plumes, de duvet, d'aigrettes de chardon ; puis elle file avec ses pattes et son bec le coton qu'elle a recueilli sur les *gossypium* ; elle pratique ensuite des trous le long du bord de plusieurs feuilles à limbe solide et large, et dans ces trous elle passe son fil de manière à coudre ensemble plusieurs feuilles, qui forment ainsi une petite tente suspendue, enveloppant parfaitement le nid que l'oiseau veut cacher aux étrangers et aux ennemis.

(Note de l'éditeur.)

Mais je vous ennuie, M. le chevalier ; j'en dis trop : les oiseaux sont un peu ma folie.

LE CHEVALIER. Madame, je vous supplie de continuer : je suis charmé de vous entendre. Eh bien ! quand le nid est fait ?

LA COMTESSE. Quand le nid est fait, la femelle y pond ses œufs, dont le nombre varie suivant les espèces. Il y en a qui ne donnent que deux œufs à la fois ; d'autres en donnent quatre ou cinq, et quelques-uns jusqu'à dix-sept ou dix-huit. Les œufs venus, la femelle et le mâle les couvent tour à tour ; plus ordinairement c'est la femelle qui prend ce soin. C'est ici qu'on ne peut s'empêcher d'admirer l'impression puissante d'une raison supérieure sur ces petites créatures. Elles ne savent assurément ni ce que contiennent leurs œufs, ni la nécessité qu'il y a de les couver pour les faire éclore, ni comment le tout s'exécute ; cependant cet animal si agile, si inquiet, si volage, oublie en ce moment son naturel pour se fixer sur ses œufs pendant le temps nécessaire. La mère se gêne, renonce à tout plaisir et demeure presque vingt jours de suite collée sur sa couvée avec une affection si grande, qu'elle oublie de manger. Le père, de son côté, partage et adoucit le travail : il apporte à manger à sa fidèle compagne, il réitère ses voyages sans se rebuter, il lui met dans le bec la nourriture toute préparée, il accompagne ses services des manières les plus polics. S'il interrompt ses soins auprès d'elle, c'est pour la réjouir par son chant, et il met tant de feu, tant d'enjouement et de grâces dans les allées et les venues qu'il fait pour son service, que l'on ne sait ce qu'on doit admirer le plus, ou de l'assiduité pénible de la petite mère, ou de l'inquiétude officieuse du mari.

Les oiseaux qui nourrissent leurs petits n'en ont ordinairement qu'un petit nombre; ceux, au contraire, dont les petits mangent seuls dès qu'ils voient le jour, en ont des bandes de dix-huit et vingt, quelquefois plus : tels sont les cailles, les faisans, les perdrix et les poules. Pourquoi la mère qui nourrit ses petits n'en a-t-elle communément que peu? Pourquoi celle qui conduit ses petits sans les nourrir elle-même en a-t-elle un si grand nombre? Attribuez-vous cette différence à la prudence de la mère ou à la bizarrerie du hasard?

Le chevalier. Il n'y a point là de bizarrerie, mais une sagesse très-grande et qui ne peut venir que de celui qui a tout réglé pour un bien. La mère qui est chargée d'aller chercher la nourriture n'a qu'un petit nombre d'enfants; si elle en avait beaucoup, le père et la mère seraient accablés, et les petits fort mal nourris. Pour ce qui est de la mère qui conduit ses enfants sans les nourrir elle-même, elle en peut conduire vingt comme quatre. Cela saute aux yeux.

La comtesse. Oui , chevalier, cela saute aux yeux; mais qui est-ce qui a des yeux? Vous me faites ouvrir les miens sur une autre vérité que je n'apercevais pas. Vous nous parlez des petits que les parents nourrissent, et d'autres qui vont eux-mêmes chercher leur nourriture; mais comment ceux-ci trouvent-ils ce qu'il leur faut? Ont-ils un marché où ils soient sûrs de se procurer leurs provisions? Et comment les cris des premiers qui ne peuvent sortir sont-ils exaucés sur-le-champ? Le père de ces petits a-t-il un magasin où il trouve d'heure en heure de quoi contenter toute sa famille?

Le chevalier. Ils ont tous un père commun qui les nourrit.

Le prieur. Il ouvre le grand réservoir de la campagne, où ils se pourvoient tous selon leurs besoins; ils y trouvent des chenilles et des vers; l'air leur fournit, jusqu'à une assez grande hauteur, des mouches et des moucherons sans fin, la plupart imperceptibles à nos yeux. Quand l'épaississement de l'air fait descendre ces petits moucherons, les oiseaux (*muscivores*) baissent leur vol et descendent à proportion. La terre leur offre encore des scarabées et autres insectes , des graines de toute espèce dont ils vivent tous quand ils sont devenus forts. Les grenouilles, les lézards, les serpents mêmes et les animaux qui nous paraissent les plus nuisibles, sont des mets délicieux pour les cigognes et pour bien d'autres familles. Dieu ouvre sa main, et tous les animaux vivent.

LA COMTESSE. Voici un autre trait de sa libéralité, et qui nous regarde personnellement. Les oiseaux qui nous sont nuisibles et ceux dont nous nous passons aisément multiplient le moins ; ceux, au contraire, dont la chair est la plus saine et dont les œufs sont plus nourrissants, ont une fécondité qui tient du prodige. La poule seule est un trésor pour l'homme ; elle lui fait tous les jours, pendant près de huit mois, un présent, mais un présent très-estimable. Si elle cesse quelquefois de garnir la table de son maître, c'est pour mieux peupler sa basse-cour ; elle ne lui demande, pour des services si souvent réitérés, que les restes les moins utiles de sa table et de son grenier. Il y aurait de l'ingratitude à ne pas sentir ce que vaut un pareil domestique. Mais laissons là notre ménage, et revenons à celui des oiseaux.

Je suppose les œufs éclos : voilà les poussins venus. Que de nouveaux soins pour le père et pour la mère, jusqu'à ce que la nouvelle troupe se puisse passer d'eux ! Ils sentent alors ce que c'est que d'être chargé d'une famille : il faut trouver à vivre pour huit au lieu de deux. La fauvette et le rossignol travaillent alors comme les autres : adieu la musique ; on n'a plus le temps de chanter, du moins le fait-on plus rarement. Le besoin les talonne ; ils sont toujours en quête, tantôt l'un, tantôt l'autre, quelquefois tous deux ensemble. On est sur pied dès avant le lever du soleil; on distribue la nourriture avec beaucoup d'égalité, en donnant à chacun sa portion tour à tour, jamais deux fois de suite au même. Cette tendresse des mères pour leurs petits va jusqu'à changer leur naturel. De nouveaux devoirs amènent de nouvelles inclinations. Il n'est pas seulement question de nourrir, il faut veiller, il faut défendre, prévoir, faire tête à l'ennemi et payer de sa personne en toute rencontre. Suivez une poule devenue mère de famille, elle n'est plus la même; l'amitié change ses humeurs et corrige ses défauts; elle était auparavant gourmande et insatiable, présentement elle n'a plus rien à elle. Trouve-t-elle un grain de blé, une mie de pain, ou même quelque chose de plus abondant et qu'on pourrait partager, elle n'y touche pas, elle avertit ses petits par un cri qu'ils connaissent; ils accourent bien vite, et toute la trouvaille est pour eux. La mère se borne frugalement à ses repas. Cette mère, naturellement timide, ne savait que fuir auparavant; à la tête d'une troupe de poussins, c'est une héroïne qui ne connaît plus de danger, qui saute aux yeux du chien le plus fort; elle affronterait un lion avec le courage que sa nouvelle dignité lui inspire.

Il y a quelques jours, j'en vis une dans une autre attitude qui n'était pas moins réjouissante. J'avais fait mettre sous elle des œufs de canne qui vinrent à souhait. Les petits, au sortir de la coque, n'avaient pas la forme de ses enfants ordinaires; mais elle s'en croyait la mère, et par cette raison elle les trouva fort à son gré; elle les conduisait comme siens de la meilleure foi du monde; elle les rassemblait sous ses ailes, les réchauffait, les menait partout avec l'autorité et les droits que donne la qualité de mère. Elle avait toujours été parfaitement respectée, suivie et obéie de toute la troupe. Malheureusement pour son honneur, un ruisseau se trouva sur son chemin; voilà aussitôt tous les petits canards à l'eau. Elle était dans une agitation extrême, elle les suivait de l'œil le long du bord, elle leur donnait des avis et leur reprochait leur témérité, elle demandait du secours et contait ses inquiétudes à tout le monde, elle retournait à l'eau et rappelait ces imprudents; mais les canards, ravis de se trouver dans leur élément, la tinrent quitte de tout soin dès ce moment, et, comme ils étaient déjà forts, ils ne revinrent plus auprès d'elle.

Le prieur. Madame me permettra de l'interrompre un moment pour demander à M. le chevalier à quelle école les petits canards avaient appris que l'eau était leur élément. Ce n'était assurément pas à l'école de la poule.

Le chevalier. J'entends; cette inclination pour l'eau est dans la nature même du canard : c'est l'ouvrage de Dieu.

Le prieur. On ne peut méconnaître là cette impression du Créateur qui prévient les leçons et qui corrige même l'éducation.

La comtesse. Il faut que j'apprenne encore au chevalier une autre inquiétude de mère dont je suis témoin assez souvent. Qu'on observe une poule d'Inde à la tête de ses petits : on l'entend quelquefois pousser un cri lugubre dont on ignore la cause et l'intention. Aussitôt tous les petits se tapissent sous les buissons, sous l'herbe, sous ce qui se présente ; ils disparaissent tous, ou, s'il n'y a pas de quoi les couvrir, ils s'étendent par terre et contrefont les morts. On les voit dans cette posture sans bouger pendant des quarts d'heure entiers, et souvent beaucoup plus. La mère cependant porte ses regards en haut d'un air alarmé ; elle redouble ses soupirs, elle réitère ce cri qui abat tous ses petits. Les personnes qui remarquent l'embarras de cette mère et son attention inquiète cherchent dans l'air ce qui peut y donner lieu, et enfin on aperçoit sous les nues qui traversent l'air un point noir qu'on a peine à démêler. C'est un oiseau de proie que son éloignement dérobe à notre vue, mais qui n'échappe ni à la vigilance ni à la pénétration de notre mère de famille : c'est ce qui cause son effroi et qui a mis l'alarme au camp. J'en ai vu une demeurer dans cette agitation, et ses petits se tenir collés contre terre, pendant quatre heures de suite que l'oiseau tournait, montait et descendait au-dessus d'eux. Enfin l'oiseau disparaît-il, la mère change de note, elle pousse un autre cri qui rend la vie à tous ses petits ; ils accourent tous auprès d'elle, ils battent des ailes, ils lui font fête, ils ont cent choses à lui dire ; on se raconte apparemment tous les dangers qu'on a courus ; on donne des malédictions à la vilaine bête qui..... Mais ceci devient trop peu sérieux pour vous en occuper davantage.

LE PRIEUR. Madame, il n'y a rien dans tout ce que vous avez dit qui ne soit très-digne d'être remarqué. Qui peut, en effet, avoir fait connaître à cette mère un ennemi qui ne lui a jamais fait aucun mal, qui n'a encore commis aucun acte d'hostilité dans le pays? et comment démêle-t-elle cet inconnu à une pareille distance? D'ailleurs, quelles leçons a-t-elle données à sa famille pour distinguer, selon le besoin, les différents sens de ses cris et pour régler leurs actions sur son langage? Ces merveilles sont tous les jours sous nos yeux sans que nous y pensions. La peinture que Madame en a faite m'intéresse assurément beaucoup plus que de certaines dissertations fort sérieuses.

LA COMTESSE. Il faut pourtant que M. le prieur nous en donne une sur la structure et sur le vol des oiseaux.

LE PRIEUR. Je le veux bien ; c'est un sujet qui est parfaitement de mon goût. Le corps d'un oiseau n'est ni extrêmement massif, ni également épais partout, mais bien disposé pour le vol, aigu par devant, grossissant peu à peu jusqu'à ce qu'il ait acquis son juste volume. Par là il est plus propre à fendre l'air et à se faire un chemin au travers de cet élément.

Pour le mettre en état de faire des voyages de long cours, où l'on ne trouve pas toujours des provisions toutes prêtes, et de passer les longues nuits d'hiver sans manger, la nature lui a placé sous le gosier une poche qu'on nomme le jabot, où il met sa nourriture en réserve. La liqueur où elle nage dans cette poche aide à en faire la première digestion ; le gosier, où il n'entre que très-peu de nourriture à la fois, fait le reste, souvent à l'aide de petits cailloux raboteux que l'oiseau avale pour mieux briser sa nourriture, et peut-être pour tenir les passages libres.

Les os des oiseaux, quoique assez solides pour soutenir l'assemblage de leur corps, sont creux et si minces, qu'ils n'ajoutent presque rien au poids des chairs. Toutes les plumes sont construites et rangées avec art, tant pour soutenir l'oiseau que pour le défendre contre les injures de l'air. Le tuyau d'une plume est tout à la fois ferme et léger ; il est ferme pour fendre l'air avec la force convenable ; il est léger et creux, surtout à mesure qu'il grossit, pour ne pas accabler l'oiseau au lieu de l'élever. En un mot, ce tuyau vide, ou plutôt

rempli d'un air dilaté et plus léger que l'air extérieur, occupe beaucoup de surface avec peu de
poids, ce qui met l'oiseau presque en équilibre
avec l'air. Les plumes sont renversées en arrière
et couchées les unes sur les autres dans un ordre
régulier. Du côté du corps elles sont garnies d'un
duvet mou et chaud; du côté de l'air elles sont
garnies d'un double rang de barbes plus longues
d'un côté que de l'autre. Ces barbes sont une en-
filade de petites lames minces et plates, couchées
et serrées dans un alignement aussi juste que si
on en eût taillé les extrémités avec des ciseaux.
Chacune de ces lames est elle-même un tuyau ou
une base qui soutient deux nouveaux rangs de
lames d'une petitesse qui les rend presque imperceptibles, et qui bouchent exactement tous les
petits intervalles par où l'air pourrait se glisser.
Les plumes sont, de plus, disposées de façon que
le rang des petites barbes de l'une glisse, joue et
se découvre plus ou moins sous les grandes barbes
de l'autre plume qui est dessus. Un nouveau rang
de moindres plumes sert de couverture aux tuyaux
des grosses. L'air ne peut passer nulle part; par
là l'impulsion des plumes sur ce fluide devient
très-forte et très-agissante.

Mais, comme cette économie si nécessaire pourrait souvent être troublée par la pluie, l'Auteur de
la nature les a pourvus d'un moyen qui rend leurs
plumes impénétrables à l'eau, aussi bien qu'elles

le sont à l'air par la structure. Tous les oiseaux ont une bourse pleine d'huile faite comme un mamelon, et située à l'extrémité du corps. Ce mamelon a plusieurs petites ouvertures, et lorsque l'oiseau sent ses plumes desséchées, gâtées, entr'ouvertes ou près de se mouiller, il presse ce mamelon avec son bec, il en exprime une huile ou une liqueur grasse qui est en réserve dans des glandes, et, faisant glisser successivement la plupart de ses plumes par son bec, il les passe à l'huile, il les lustre, il remplit tous les vides avec cette matière visqueuse, après quoi l'eau ne fait plus que rouler sur l'oiseau et trouve toutes les avenues de son corps parfaitement fermées. La volaille de nos basses-cours, qui vit à couvert, est moins fournie de cette liqueur que les oiseaux qui vivent au grand air; d'où il arrive qu'une poule mouillée est un spectacle risible. Au contraire, les cygnes, les oies, les canards, les macreuses, les poules d'eau et tous les animaux destinés à vivre sur cet élément, ont la plume passée à l'huile dès leur naissance. Leur réservoir contient une provision de cette huile proportionnée au besoin de l'entretien, qui revient continuellement. Leur chair même en contracte le goût, et chacun peut remarquer que le soin d'en humecter leurs plumes est leur exercice ordinaire.

S'il y a tant d'intelligence dans la structure des plumes, il n'y en a pas moins dans le jeu de l'aile et de la queue pour traverser l'air. Rien de mieux placé que les ailes. Elles forment de part et d'autre deux léviers qui tiennent le corps en équilibre. Ce sont en même temps deux rames qui, en s'appuyant sur l'élément qui leur résiste, font avancer le corps dans un sens contraire.

La queue sert à contre-balancer la tête et le cou; Elle tient lieu de gouvernail à l'oiseau, tandis qu'il rame avec ses ailes; mais ce gouvernail ne sert pas seulement à maintenir l'équilibre du vol, il sert aussi à hausser, baisser, tourner où l'oiseau veut; car la queue ne se porte pas plutôt vers un côté, que la tête se porte vers le côté opposé.

LA COMTESSE. Messieurs, remettons à demain la suite de cet entretien sur les oiseaux, s'il vous reste encore quelque chose à en dire.

LE COMTE. Les matières ne nous manquent pas, l'embarras est dans la trop grande abondance. A quoi nous en tiendrons-nous?

LE PRIEUR. Que chacun choisisse celui des oiseaux qui sera le plus de son goût et qu'il le serve à la compagnie.

LE CHEVALIER. Si M. le prieur veut être ma caution, je m'acquitterai comme un autre.

LA COMTESSE. Pour moi, Messieurs, je vous promets par avance un oiseau qui ne se trouve qu'en Amérique : c'est le plus petit et le plus beau de tous les oiseaux; et, s'il ne vous suffit pas, pour vous dédommager, je vous servirai l'autruche.

SEPTIÈME ENTRETIEN.

Les oiseaux.

M. LE COMTE ET Mme LA COMTESSE, M. LE PRIEUR,
M. LE CHEVALIER.

LE CHEVALIER. Hier je me glissai sur le soir dans le cabinet de M. le comte, où je trouvai sur son bureau le livre de Willughbi* tout ouvert. Je me mis à parcourir toutes ces différentes espèces d'oiseaux qui s'y voient assez bien gravées et enluminées au naturel. Elles m'ont tourné toute la nuit dans la tête. Mais j'ai surtout été frappé du bec dé-

* Naturaliste anglais, né en 1635. Il s'appliqua d'abord aux mathématiques, puis à l'histoire des animaux, assez négligée même dans le siècle investigateur où il vécut. Il eut pour condisciple,

mesuré et des jambes extraordinairement longues
que j'ai remarqués à quelques-uns, tandis que
d'autres avaient le bec fort court et étaient si ra-
massés qu'à peine leur voyait-on le bout des pattes. Après tout il n'est question pour les uns et
pour les autres que de traverser l'air et de trouver
leur nourriture. Pourquoi donc une si prodigieuse
diversité dans leurs ailes, dans leurs becs, dans
leurs ongles et dans toutes leurs parties? N'est-ce
qu'un jeu de la nature? ou bien ces formes différentes tendent-elles à quelque fin particulière?

Le comte. Il n'en est pas de la différence que
vous trouvez entre le bec d'un oiseau et celui d'un
autre, comme de celles que vous voyez entre le nez
d'un homme et celui d'un autre homme. Ici un
pouce de plus ou de moins fait toute la différence
du plus long nez au plus court : du reste c'est la
même structure et le même usage. Au lieu que
dans les différentes espèces d'oiseaux, le bec, les
ongles, la longueur des ailes et généralement toutes
les parties de leur corps sont réglés sur leurs besoins. Ce sont des outils proportionnés à la nature
de leur travail et à leur manière de vivre. Deux ou
trois exemples suffiront pour justifier ma pensée.

pour gouverneur et pour ami le célèbre John Ray. Il fit des excur-
sions scientifiques en Angleterre, en France, en Espagne, en Italie, en Allemagne et dans les Pays-Bas, où peu d'espèces d'animaux
échappèrent à son examen. Il mourut le 3 juillet 1676, à 37 ans.
J. Ray a présenté son caractère sous le jour le plus avantageux dans
la préface de son *Ornithologie* (en trois livres), Londres, 1676,
in-folio.   (Note de l'éditeur.)

Le moineau et la plupart des petits oiseaux vivent des menus grains qu'ils trouvent, ou dans la campagne, ou autour de nos maisons; ils n'ont point d'efforts à faire ni pour atteindre leur nourriture, ni pour la mettre en pièces. Aussi ont-ils le bec menu, le cou et les ongles assez courts, et cela leur suffit. Il n'en est pas de même de la bécasse, de la bécassine, du courli et de bien d'autres qui vont chercher leur nourriture bien avant dans le limon, d'où ils tirent les coquillages et les vers dont ils vivent. La nature les a pourvus d'un cou et d'un bec fort longs; avec ces instruments ils creusent, ils fouillent, et ne manquent de rien.

Le pic-vert, qui a une tout autre façon de vivre, est tout différemment construit. Il a le bec long, droit, anguleux, extraordinairement fort et dur; la langue est grêle, munie vers le bout d'épines recourbées en arrière, et, grâce aux longues cornes de l'os lingual qui la poussent en avant, elle peut s'allonger considérablement hors du bec. Il a les jambes courtes, deux ongles par devant, deux ongles par derrière, les uns et les autres fort crochus. Tout cet appareil a rapport à sa manière de chasser et de vivre. Sa nourriture consiste surtout en larves d'insectes coléoptères appartenants aux genres lucane et capricorne, qui vivent entre le bois et l'écorce des arbres. Le pic-vert avait besoin d'ongles crochus pour empoigner les branches où il s'attache; des jambes longues lui étaient inutiles pour atteindre ce qui est sous l'écorce; un bec aigu et fort lui était nécessaire pour frapper contre le tronc et les branches des arbres et produire une secousse qui fit sortir l'insecte de son trou; enfin il lui fallait une langue longue, gluante, hérissée de pointes, pour extraire de leurs trous ou des fentes de l'écorce les larves qui s'y trouvent, et en faire son repas.

Tout au contraire du pic-vert, le héron est haut monté: il a les jambes et les cuisses très-longues et entièrement dégarnies de plumes, un long cou, un bec démesuré, fort aigu et dentelé par le bout. Quelles sont les raisons d'une figure en apparence si bizarre? Le héron vit des grenouilles, des coquillages et des poissons qu'il peut trouver dans les marais ou au bord de la mer et des rivières. Il ne lui fallait point de plumes sur les cuisses pour marcher dans l'eau et dans la fange; mais des jambes fort hautes lui sont d'une grande commodité pour courir dans l'eau plus ou moins avant, le long des bords où les poissons ont coutume de venir chercher leur nourriture. Un long cou et un long bec, lui servent à pouvoir poursuivre et atteindre sa proie bien avant; la dentelure et les barbes de son bec, qui sont comme des crochets recourbés en arrière, lui servent à retenir le poisson, qui pourrait lui échapper en glissant; enfin ses grandes ailes, qui paraissent devoir être incommodes à un animal aussi petit qu'est le héron par le corps, lui sont d'un secours infini pour faire de grands mouvements dans l'air et pour pouvoir emporter de lourds fardeaux dans son nid, qui est quelquefois à une et deux lieues de l'endroit où il pêche. Un de mes amis qui a une terre du côté d'Abbeville et dont le bien s'étend de long d'une petite rivière où les anguilles ne manquent pas, vit un jour un héron qui en emportait une des plus grosses dans sa héronière, malgré l'obstacle que les frétillements de l'anguille devaient apporter à son vol. Ce que nous avons dit du héron, on peut l'appliquer à plusieurs autres espèces qui lui ressemblent.

La comtesse. Voilà la première fois que j'entends faire quelques réflexions sur la destination de tous ces becs, qui, jusqu'à présent, m'avaient paru fort peu raisonnables; mais je vois bien que c'est moi qui ne l'étais guère, et que toutes les critiques que nous faisons de la nature sont réellement un aveu de notre ignorance. Je ne sais pas, par exemple, à quoi peut servir le prodigieux bec de la cigogne, mais je ne m'aviserai plus d'y trouver à redire.

Le prieur. C'est avec quoi elle va chercher sous terre les serpents et les couleuvres, qu'elle porte ensuite à ses petits, sur qui le venin de ces animaux ne fait aucune impression.

La comtesse. La proportion y est sensible. En raisonnant sur ce pied, je devinerai, ce me semble, pourquoi ces cygnes que nous voyons là-bas sur ce canal ont le cou long et le bec large. Les cygnes, les oies et les canards fouillent sans cesse au fond de l'eau : apparemment qu'ils y trouvent de ces insectes ou vermisseaux dont vous parliez il y a quelques jours. Nageant toujours et ne pouvant enfoncer, il leur faut un long cou pour atteindre jusqu'en bas. Et n'auraient-ils pas, tout au contraire des autres oiseaux, le bec fort large pour prendre à la fois une plus grande quantité de limon ou de gravier, et y saisir ce qui s'y trouve à leur convenance en éparpillant le reste. Au lieu de ces ongles crochus avec lesquels les oiseaux carnassiers peuvent attraper, tourner et retourner leur proie, et s'affermir sur les branches où ils se posent, les cygnes, les oies et les canards ont les pattes garnies de membranes qu'ils étendent en forme de nageoires et avec lesquelles ils poussent l'eau d'un côté pour avancer de l'autre. M. le prieur, je suis subtile, comme vous voyez. Tout ceci était bien difficile à expliquer.

LE PRIEUR. Madame, le mérite des physiciens, parmi lesquels nous vous comptons à présent, ne consiste pas toujours à deviner des choses difficiles, mais à ouvrir les yeux sur ce que les autres n'aperçoivent pas et sur ce qu'ils foulent aux pieds le plus souvent. Rien de plus rare que des gens qui pensent et réfléchissent.

LA COMTESSE. Nous autres femmes, nous sommes déchargées de ce soin. Il semble que les hommes, communément, ne demandent pas de nous que nous pensions; parmi eux un peu de brillant nous tient lieu de tout. Cette indulgence nous fait un tort irréparable, car c'est ce qui nous rend vaines, inappliquées, incapables d'élévation, sans connaissance, sans discernement, sans fermeté; et nous pouvons assurer que les hommes, par la conduite qu'ils tiennent à notre égard, travaillent à former en nous tous les défauts qu'ils y reprennent. N'est-ce pas une des maximes de leur politesse de ne nous parler que de bagatelles?

Le comte. Les plaintes que vous faites des hommes sont assurément très-bien fondées. Il n'en est pas de même de l'aveu que vous faites des mauvaises qualités des dames. Il y en a certainement beaucoup dont le bon sens est la qualité dominante, et qui ont l'esprit aussi judicieux que délicat, soit qu'elles doivent cette solidité à une heureuse culture, soit que leur bon naturel répare en elles les défauts d'une faible éducation. Mais, tandis que nous faisons, vous des lamentations sur le sort des dames, et moi leur apologie, nous ne voyons pas que le pauvre chevalier ne fait que bâiller.

La comtesse. Il n'a pas tout à fait tort. Je lui avais promis deux oiseaux étrangers et je lui donne de la morale, ce n'est pas son compte. Ce que je m'en vais vous dire, M. le chevalier, je le tiens d'un marchand de Saint-Malo, grand navigateur, avec qui mon mari est en relation pour fournir son cabinet de curiosités étrangères. Il y a six mois qu'il nous vint voir, au retour d'un nouveau voyage qu'il venait de faire en Amérique et sur les côtes de Guinée. Il me fit présent de deux colibris, de deux oiseaux-mouches et de deux œufs d'autruche, et nous raconta quelques particularités amusantes sur ces oiseaux.

De tous les êtres animés, l'oiseau-mouche est le plus élégant pour la forme, et le plus brillant pour les couleurs. Les pierres et les métaux polis par notre art ne sont pas comparables à ce bijou de la nature. Elle l'a placé, dans l'ordre des oiseaux, au dernier degré de l'échelle de grandeur. Son chef-d'œuvre est le petit oiseau-mouche; elle l'a comblé de tous les dons qu'elle n'a fait que partager aux autres oiseaux : légèreté, rapidité, prestesse, grâce et riche parure, tout appartient à ce petit favori. L'émeraude, le rubis, la topaze brillent sur ses habits; il ne les souille jamais de la poussière de la terre, et, dans sa vie tout aérienne, on le voit à peine toucher le gazon par instants : il est toujours en l'air, volant de fleur en fleur; il a leur fraîcheur, comme il a leur éclat; il vit de leur nectar et des petits insectes qui s'y introduisent, et n'habite que les climats où sans cesse elles se renouvellent. C'est dans les contrées les plus chaudes du Nouveau-Monde que se trouvent toutes les espèces d'oiseaux-mouches. Elles sont assez nom-

breuses et paraissent confinées entre les deux
tropiques, car celles qui s'avancent en été dans
les zones tempérées n'y font qu'un court séjour :
elles semblent suivre le soleil, s'avancer, se retirer avec lui et voler sur l'aile des zéphyrs à la suite
d'un printemps éternel. Leur bec est une aiguille
fine, et leur langue un fil délié, leurs petits yeux
noirs ne paraissent que deux points brillants. Leur
vol est continu, bourdonnant et rapide; le batte-
ment des ailes est si vif, que l'oiseau, s'arrêtant
dans les airs, paraît non-seulement immobile, mais
tout à fait sans action. On le voit s'arrêter aussi
quelques instants devant une fleur et partir comme
un trait pour aller à une autre. Il les visite toutes,
plonge sa petite langue dans leur calice, les flat-
tant de ses ailes, sans jamais s'y fixer, mais aussi
sans les quitter jamais. Voici dans une très-petite
boîte deux de ces jolis oiseaux, qui ne laissent pas
de conserver encore une partie de leurs riches couleurs. Suspendus par les pattes à un petit anneau
d'or, on en fait deux pendants d'oreilles, et il faut
avouer qu'il n'y a point de perles qui en égalent la
beauté*.

---

* « Quel est celui qui, voyant cette mignonne créature bourdonner
dans le vague des airs, soutenue par ses ailes harmonieuses, voler
de fleur en fleur avec des mouvements vifs et gracieux, et parcourir
les vastes régions de l'Amérique, sur lesquelles on dirait qu'elle
va semer des rubis et des émeraudes; quel est celui, dis-je, qui,
voyant briller cette particule de l'arc-en-ciel, ne sentira pas son
âme s'élever vers l'Auteur d'une telle merveille? car, si Dieu n'a
pas doté tous les hommes du génie qui crée à son exemple, il ne

LE CHEVALIER. Voilà des oiseaux en miniature. Vos papillons n'ont pas de couleurs plus éclatantes.

LE PRIEUR. Madame nous a, ce me semble, promis de plus l'histoire de l'autruche.

LA COMTESSE. L'autruche, malgré la brièveté de

refuse à aucun le don de l'admiration. Quand le soleil ramène le printemps et fait éclore par milliers les germes du règne végétal, alors apparaît ce petit oiseau-mouche, se jetant çà et là, porté sur ses ailes de fée; il inspecte avec soin chaque fleur épanouie, et en retire les insectes qui s'y étaient introduits, de même qu'un fleuriste diligent veille sur sa plante chérie pour la délivrer des ennemis intérieurs qui pourraient altérer le tissu délicat de ses pétales. On le voit suspendu dans les airs, qu'il frappe d'un frémissement si rapide, que son vol simule une complète immobilité; il plonge un regard scrutateur dans les recoins les plus cachés des corolles, et, par les mouvements légers de ses plumes, il semble, éventail vivant, rafraîchir la fleur qu'il contemple; il produit en même temps au-dessus d'elle un murmure doux et sonore, bien propre à assoupir les insectes qui y sont occupés à butiner. Tout à coup il enfonce dans la corolle son bec long et menu; sa langue molle, fourchue et enduite d'une salive glutineuse, s'allonge délicatement et va toucher l'insecte, qu'elle ramène aussitôt avec elle dans le gosier de l'oiseau. Cette manœuvre s'exécute en un clin d'œil et ne coûte à la fleur qu'une gouttelette de nectar, enlevée en même temps que le petit scarabée, larcin qui n'appauvrit pas la plante et la délivre d'un parasite nuisible.

« Les prairies, les vergers, les champs et les forêts sont tour à tour visités par l'*humming-bird* (*oiseau-murmure*, ainsi nommé aux États-Unis), et partout il trouve plaisir et nourriture. Sa gorge est au-dessus de toute description : c'est tantôt l'éclat mobile du feu, tantôt le noir profond du velours; son corps, qui brille en dessus d'un vert doré, traverse l'espace avec la vitesse de l'éclair et tombe sur chaque fleur comme un rayon de lumière. Il se relève, se précipite, puis revient, monte ou descend, toujours par bonds aussi brusques que rapides. C'est ainsi qu'il nous apparaît dans les provinces de l'Union, s'avançant avec les beaux jours et se retirant prudemment aux approches de l'automne. »

Audubon.
(NOTE DE L'ÉDITEUR.)

ses ailes, s'en sert comme d'une voile pour accélérer sa course; elle n'a pas de pouce; son bec est aplati et sa langue courte et arrondie. Les plumes de cet oiseau sont recherchées à cause de leur tige fine et de leurs barbes qui, quoique garnies de barbules, ne s'accrochent point ensemble, comme chez la plupart des oiseaux. L'autruche d'Afrique n'a que deux doigts, dont l'extérieur est court et dépourvu d'ongle. C'est le plus grand de tous les oiseaux : elle atteint sept et même huit pieds de hauteur; le mâle est d'un beau noir mêlé de blanc, avec de grandes plumes blanches aux ailes et à la queue; chez la femelle, le noir est remplacé par du gris uniforme. C'est le mâle qui fournit les belles plumes larges et ondoyantes dont les dames se servent pour leur parure. L'autruche, célèbre dès la plus haute antiquité, vit en troupes dans les déserts sablonneux de l'Afrique et de l'Arabie. Elle est herbivore, et sa voracité est excessive; son goût est si obtus, qu'elle avale indifféremment des cailloux, des morceaux de fer, de cuivre, de verre, des pièces de monnaie : de là l'erreur populaire qui attribue à cet oiseau la faculté de digérer les métaux. Dans les régions intertropicales, l'autruche ne couve pas ses œufs, elle se contente de les exposer dans le sable à la chaleur du soleil; mais en deçà et au delà des tropiques, l'incubation est régulière et constante. Dans la saison des œufs, plusieurs femelles se réunissent et pondent dans un trou commun, qui contient quelquefois jusqu'à soixante œufs; chaque autruche en pond une douzaine; ces œufs pèsent environ trois livres. Les femelles couvent tour à tour pendant la journée, et la nuit c'est le mâle qui prend leur place, parce qu'alors il s'agit non pas seulement d'entretenir la chaleur, mais de défendre les œufs contre les attaques des chats-tigres et des chacals. L'incubation dure trente-six à quarante jours, et n'interrompt pas toujours la ponte; mais les œufs tardifs sont mis à part et doivent servir de nourriture aux poussins qui sortiront de leur coquille. Les autruches, que quelques naturalistes représentent comme des animaux stupides, sont très-vigilantes et très-rusées pour éviter la poursuite des chasseurs. Elles courent plus rapidement que le meilleur cheval, et, tout en courant, elles lancent derrière elles des pierres avec une grande vigueur; mais l'industrie humaine sait rendre inutiles tous ces moyens de défense : des cavaliers, montés sur des chevaux bons coureurs, cernent les troupes d'autruches, resserrent peu à peu l'espace qu'elles occupent, se les renvoient les uns aux autres, et, quand les pauvres oiseaux tombent épuisés de fatigue, ils les assomment à coups de bâton.

Messieurs, je vous ai donné le plus petit et le plus grand des oiseaux. Entre ces deux extrémités vous avez à choisir : le champ est vaste.

Le prieur. Il est si vaste que je m'y perds : l'abondance même fait mon embarras.

LA COMTESSE. Puisque tout vous est égal, laissez-moi vous distribuer vos rôles. M. le prieur, en homme de bon goût, devrait se charger de faire valoir les oiseaux qu'on estime ou pour la douceur de leur chant, ou pour la beauté de leur plumage; mais il en sera quitte pour nous dire deux mots sur le rossignol et sur le paon. Il ne se plaindra pas d'être mal partagé. M. le comte nous donnera les aigles et les oiseaux de proie. M. le chevalier m'a dit à l'oreille qu'il nous réservait les oiseaux de passage. En voilà, ce me semble, de toutes les espèces.

LE PRIEUR. De tous les oiseaux il n'y en a point qui tiennent meilleure compagnie à l'homme que ceux qui ont reçu le don du chant; mais, quelque plaisir que ceux-ci puissent faire, le rossignol les efface tous et plaît autant seul que tous les autres ensemble. Après qu'on a entendu la plus belle symphonie, on se trouve agréablement surpris d'entendre un excellent violon sans accompagnement. Que M. Baptiste*, au milieu du plus beau concert, commence à jouer seul et à faire éclater quelques-uns de ses coups d'archet qui le distinguent, chacun se réveille : on admire la force extraordinaire avec laquelle il tire et prononce tous ses sons; on n'est pas moins touché de la douceur extrême qui en est inséparable. Il sait continuel-

---

* Célèbre musicien du dix-huitième siècle.

lement diversifier son jeu. Ce qu'il joue actuelle-
ment reçoit un relief infini de ce qui a précédé, et
donne par avance de l'agrément et du prix à ce qui
va suivre. Il mène l'oreille de surprise en surprise;
il n'y a personne qui ne soit attaché par la beauté
du chant, et les connaisseurs les plus difficiles sentent partout une multitude et une justesse d'accords
qui leur font trouver, pour ainsi dire, un orchestre
entier dans un seul instrument. Il en est de même
du concert des oiseaux. Après qu'on leur a entendu
célébrer en grand chœur l'Auteur de la nature et
publier les bienfaits de celui qui les nourrit, c'est
une agréable nouveauté, sur le soir, d'entendre le
rossignol commencer à chanter seul et continuer
bien avant dans la nuit. On croirait qu'il sait combien valent ses talents, et que c'est par complaisance pour l'homme autant que pour sa satisfaction propre, qu'il se plaît à chanter quand tous les
autres se taisent. Rien ne l'anime tant que le silence de la nature. C'est alors qu'il compose et
exécute sur tous les tons. Il va du sérieux au ba-
din, d'un chant simple au gazouillement le plus
compliqué, des tremblements et des roulements
légers à des soupirs languissants et plaintifs qu'il
abandonne ensuite pour revenir à sa gaieté naturelle *. On est souvent tenté de connaître l'aimable

---

* « Coups de gosier éclatants, dit Guéneau de Montbelliard ;
batteries vives et légères ; fusées de chant, où la netteté est égale
à la volubilité : murmure intérieur et sourd, qui n'est point ap-

musicien qui nous amuse si obligeamment le matin
et le soir. On le cherche et il se cache : les grands
génies ont leurs caprices. A l'entendre seulement,
on lui prêterait une grande taille. Il semble qu'il
faudrait une poitrine vigoureuse et des organes in-
fatigables pour fournir et soutenir sans aucun af-
faiblissement, pendant plusieurs heures, des sons
si gracieux et si forts, des agréments si multipliés
et si piquants, en un mot une musique si prodi-
gieusement variée ; et cependant on trouve que
c'est le gosier d'un très-petit oiseau, qui, sans
maître, sans étude ni préparation, opère toutes
ces merveilles.

Ce qu'est le rossignol pour l'oreille, le paon
l'est pour les yeux. Il est vrai que le coq, le canard sauvage, le martin-pêcheur, le chardonne-
ret, les grands perroquets, le faisan et beaucoup
d'autres sont très-proprement habillés, et qu'on se
plaît à considérer les grâces et le goût de leurs différentes parures; mais qu'on voie paraître le paon,
tous les yeux se réunissent sur lui. L'air de sa tête,
la légèreté de sa taille, les couleurs de son corps,
les yeux et les nuances de sa queue, l'or et l'azur
dont il brille de toutes parts, cette roue qu'il pro-

préciable à l'oreille, mais très-propre à augmenter l'éclat des tons
appréciables ; roulades précipitées, brillantes et rapides, articu-
lées avec force et même avec une dureté de bon goût; accents
plaintifs, cadencés avec mollesse : sons filés sans art, mais enflés
avec âme ; sons enchanteurs et pénétrants, etc. »
(NOTE DE L'ÉDITEUR.)

mène avec pompe, sa contenance pleine de dignité, l'attention même avec laquelle il étale ses avantages aux yeux d'une compagnie que la curiosité lui amène, tout en est singulier et ravissant : cet oiseau est tout seul un spectacle. Mais, avec cette multitude d'agréments, croiriez-vous qu'on pût ennuyer et déplaire? C'est ce qui arrive au paon. Il entretient mal son monde; il ne sait ni causer ni chanter; son langage est affreux, c'est un cri à faire peur; au lieu qu'avec des manières plus modestes et plus simples, le serin, la linotte, la fauvette et le perroquet, vont vivre avec nous des quinze et vingt années sans nous ennuyer un seul moment. Ils sont gens d'esprit et de bon entretien, c'est tout dire : ce n'est rien moins qu'un grand extérieur qui rend la société douce et de longue durée.

Je me suis peut-être trop étendu sur les ajustements et sur la musique; ces choses sont peu de mon état. M. le comte aura plus de grâce à nous entretenir du roi des oiseaux.

Le comte. L'aigle *commun* a la queue plus longue que les ailes et très-arrondie; elle est blanche à sa moitié supérieure, et noire dans l'autre moitié; le plumage est d'un brun obscur qui devient noirâtre avec l'âge; la nuque est de couleur fauve. La femelle a trois pieds et demi de longueur depuis le bec jusqu'au bout du pied; l'envergure est de huit pieds et demi; son poids est de dix-huit livres, tandis que le mâle n'en pèse que douze ; les ongles sont noirs et pointus ; celui qui est en arrière a quelquefois jusqu'à cinq pouces de longueur ; le bec est de couleur bleuâtre ; les narines sont ovales, allongées ; les yeux sont grands et paraissent enfoncés dans une cavité profonde que domine le bord saillant de l'orbite. C'est surtout chez cet oiseau que l'on peut remarquer cette membrane à coulisse placée verticalement comme une troisième paupière à l'angle interne de l'œil pour le recouvrir, et qui permet à l'animal de regarder fixement le soleil.

L'aigle abonde dans les grandes forêts et les montagnes boisées de l'Europe tempérée, de l'Asie-Mineure et de l'Afrique septentrionale ; on en trouve même à Fontainebleau. Il se nourrit de gros oiseaux, de lièvres, d'agneaux et de jeunes cerfs ; mais, si ces animaux viennent à manquer, il se jette sur des victimes plus faibles, et, si la proie vivante lui fait défaut, il ne dédaigne pas les chairs corrompues. L'aigle royal est très-farouche ; il vit avec sa compagne au milieu des rochers, et chasse de son voisinage tout oiseau de proie qui voudrait s'y établir ; il fond sur sa proie avec la rapidité d'un trait, et, après s'être abreuvé de son sang, l'emporte dans ses serres jusque dans sa retraite, où il la dépèce en lambeaux qu'il présente tout palpitants à ses aiglons. Son aire est ordinairement construite sur la plate-forme d'un rocher escarpé ; elle est formée de gros bâtons entre-croisés, et ses parois s'élèvent continuelle-ment par l'accumulation des ossements que l'oiseau y abandonne. La femelle pond ordinairement deux œufs et les couve pendant trente jours ; alors le mâle chasse seul pour fournir aux besoins de sa femelle. Quand les petits sont éclos, leurs parents se mettent en campagne pour leur chercher de la pâture, et, si l'on en croit les témoignages una-nimes des habitants des montagnes, tandis que l'un bat les buissons, l'autre se tient sur un roc élevé ou sur la cime d'un arbre, pour saisir le gibier au passage. Quand l'aiglon est assez fort pour sortir de l'aire, ses parents le chassent, lui font prendre l'essor et le soutiennent de leurs ailes ou de leurs serres lorsqu'il est près de tomber.

La physionomie de l'aigle, sévère et imposante, sa voix grave, son œil étincelant, ombragé par un sourcil saillant, son vol rapide, surtout sa force et son courage le faisaient regarder par les anciens comme le symbole de la puissance et de la domi-nation. On l'avait dédié au maître du tonnerre ; les souverains, ainsi que les peuples belliqueux, l'ont adopté pour leur enseigne de guerre.

A propos d'aigles, savez-vous que nous avons ici un jeune aiglon qui commence à voler seul. Je veux parler du chevalier, qui est venu ce matin dans mon cabinet feuilleter, faire des recherches, confronter des auteurs, écrire et composer. Il ne faut plus que le laisser faire.

LE CHEVALIER. Appelez-moi plutôt l'oiseau niais, qui n'a jamais rien vu... J'étais en peine de savoir ce que devenaient les hirondelles et tant d'autres oiseaux qu'on voit pendant un temps et qui disparaissent tout d'un coup. Voici le peu que j'ai pu recueillir là-dessus.

Il y a des oiseaux de passage qui se plaisent dans les pays froids, d'autres se plaisent dans les climats tempérés ou même dans les pays chauds. Quelques espèces se contentent de passer d'un pays dans un autre, où l'air et les nourritures les attirent en certains temps; d'autres traversent les mers et entreprennent des voyages d'une longueur qui surprend. Les oiseaux de passage les plus connus sont les cailles, les hirondelles, les canards sauvages, les pluviers, les bécasses et les grues; mais il y en a encore beaucoup d'autres.

Les cailles arrivent en France au printemps et nous quittent en automne; elles traversent la Méditerranée pour passer en Égypte, en Syrie et en Afrique; elles se réunissent alors en troupes nombreuses et volent de concert, le plus souvent au clair de la lune ou pendant le crépuscule. Quand elles rencontrent sur leur route une île ou un rocher, elles s'y abattent pour se reposer; aussi leur chasse est-elle très-fructueuse dans quelques îles de l'Archipel. L'instinct émigrant est si profondément inné dans ces oiseaux, qu'une jeune caille, tenue en captivité dès sa naissance, éprouve, à l'époque du passage, des inquiétudes qui lui enlèvent tout repos; elle s'agite et s'élève dans sa cage comme pour se disposer à partir, et se briserait même la tête si le dessus de sa prison n'était en toile.

Il est certain que la plupart des hirondelles émigrent vers les pays chauds; à l'équinoxe d'automne, elles se rassemblent en troupes nombreuses et ne tardent pas à disparaître; le rendez-vous général est sur les bords de la Méditerranée; on les voit réunies sur quelque point élevé en légions innombrables; elles attendent pendant quelques jours le moment opportun, puis partent de concert et traversent la mer. Elles arrivent, assure-t-on, au Sénégal dans le mois d'octobre; c'est là qu'elles passent l'hiver et changent de plumes.

Cependant des relations d'Angleterre et de Suède ne laissent plus douter que plusieurs hirondelles, au moins celles des pays les plus septentrionaux, ne s'arrêtent quelquefois en Europe et ne se cachent dans des trous sous terre, en s'accrochant les unes aux autres, pattes contre pattes, bec contre bec; elles s'entassent dans des endroits éloignés du passage des hommes, où elles sont même quelquefois gagnées par les eaux*. La

---

* Ce fait, malgré son invraisemblance, n'a pas été révoqué en doute par Cuvier. (NOTE DE L'ÉDITEUR.)

précaution qu'elles ont prise par avance de se bien lustrer les plumes avec leur huile et de se pelotonner la tête en dedans et le dos en dehors, les garantit sous l'eau et sous la glace même ; elles s'y engourdissent et y passent l'hiver sans mouvement. Au retour du printemps, la chaleur les dégourdit ; elles regagnent alors leurs demeures ordinaires ; chacune d'elles retrouve son pays, son village, ou sa ville et son nid *.

Quant aux canards sauvages et aux grues, les uns et les autres vont aussi, aux approches de l'hiver, chercher des climats plus doux. Tous s'assemblent à un certain jour, comme les hirondelles et les cailles ; on décampe de compagnie, et c'est une chose assez agréable de les voir voler : elles s'arrangent ordinairement sur une longue colonne ou sur deux lignes réunies en un point, en forme de triangle ; le canard ou la grue qui fait la pointe fend l'air et facilite le passage à ceux qui suivent. Il n'est qu'un temps chargé de la commission ; il passe de là à la queue, et un autre lui succède.

La comtesse. Quoique je sois accoutumée à remarquer tous les ans en automne un certain jour

---

* Ce nid sert plusieurs années au même couple, qui le reconnaît ; c'est ce dont on s'est assuré en attachant à la patte de l'oiseau de petits cordons de soie pour constater son identité. Spallanzani a vu, pendant dix-huit années consécutives, un même couple revenir à son ancien nid, sans presque s'occuper de le réparer.

(Note de l'éditeur.)

où toutes les hirondelles s'assemblent pour partir de compagnie, quoique j'aie vu très-souvent des bandes d'oiseaux qui s'en vont en voyage, c'est toujours un miracle pour moi. Dans leur passage au-dessus des royaumes et des mers, je ne sais ce qu'il faut le plus admirer, ou de la force qui les soutient dans un si long trajet, ou de l'ordre avec lequel tout s'exécute. Qui est-ce qui a appris à leurs petits qu'il faudrait bientôt quitter leur pays natal et voyager vers une terre étrangère? Pourquoi ceux qui sont retenus dans une cage s'agitent-ils dans le temps du départ et semblent-ils affligés de ne pas être de la partie? Qui est-ce qui prend soin chez eux d'assembler le conseil pour fixer le jour du départ? Qui est-ce qui sonne de la trompette pour annoncer au peuple la résolution prise, afin que chacun se tienne prêt? Ont-ils un calendrier pour reconnaître la saison et le jour où il faut se mettre en route? ont-ils des magistrats pour maintenir la discipline, qui est si grande parmi eux? car, avant la publication de l'ordonnance, personne ne déloge. Le lendemain du départ il ne paraît ni traîneurs ni déserteurs. Ont-ils des cartes pour régler la marche? Connaissent-ils les îles où ils pourront se reposer et trouver des rafraîchissements? Ont-ils une boussole pour suivre invariablement le côté où ils se proposent d'arriver, sans être dérangés dans leur vol, ni par les pluies, ni par le vent, ni par l'obscurité des

nuits? Ou bien enfin ont-ils une raison supérieure
à celle de l'homme, qui n'ose tenter ce passage
qu'avec tant de machines, de précautions et de
provisions?

Le prieur. Madame, ils n'ont assurément ni
cartes, ni boussole, ni raison; mais Dieu leur tient
lieu de tout; il leur imprime à tous une méthode
particulière et des sentiments qui suffisent pour
leur état.

Le comte. Si ces opérations étaient produites
en eux par une raison qui leur fût propre et per-
sonnelle, si Dieu les avait abandonnés à leur intelligence particulière, cette intelligence qui paraît
en eux si admirable et si étendue ne s'assujettirait
pas toujours à la même façon d'agir.

Le prieur. Sans doute tous les particuliers
d'une même espèce, ayant en eux le principe et
la règle de leur conduite, comme nous avons en
nous le principe de la nôtre, et chacun d'eux,
comme parmi nous, pensant à sa manière, ils va-
rieraient comme nous; les hirondelles chinoises
ne bâtiraient pas comme les hirondelles françaises; il y aurait parmi elles le goût asiatique et
le goût grec ou romain; les hirondelles d'Italie et
de France, seules en possession de ce bon goût,
regarderaient en pitié l'architecture chinoise; en
France même, les hirondelles de Paris n'auraient
garde de se loger et de vivre à la manière des hirondelles provinciales; elles feraient la mode en

tout et la communiqueraient à celles-ci, puis se moqueraient de cette mode comme d'une chose risible et gothique dès qu'il leur serait venu en tête d'en établir une autre. S'il y avait de la raison chez les hirondelles, il y aurait de la subordination ; les plus intelligentes ou les plus entreprenantes acquerraient sans doute les premiers postes entre elles ; par une suite nécessaire, les hirondelles de distinction ne voudraient point se confondre, et laisseraient aux hirondelles du commun le soin de travailler ; elles se feraient une affaire fort sérieuse de savoir babiller plus délicatement que les autres ; elles raffineraient sur la manière de lustrer la plume et de se bien mettre ; en un mot, si les hirondelles raisonnaient, elles inventeraient, réformeraient, perfectionneraient tous les jours et feraient, comme nous, cent choses importantes et raisonnables dont elles ne s'avisent point du tout.

LA COMTESSE. Vous avez grand sujet de vous moquer de nos bizarreries. Ce que font les bêtes est si simple et si bien entendu, qu'on croirait qu'elles raisonnent ; et ce que nous faisons est souvent si capricieux et si peu sensé, qu'on croirait que nous ne raisonnons point.

LE PRIEUR. On voit bien cependant que les opérations des bêtes ne sont si sûres que parce qu'une Providence toute-puissante en a réglé la forme, au lieu que l'inégalité de la conduite des hommes prouve en eux le don d'une intelligence qui varie dans ses bornes, et d'une liberté qui varie dans son choix. Mais nous nous écartons de notre sujet ; revenons aux habitants de l'air.

Le chevalier. En est-il encore qui méritent une attention particulière ?

Le prieur. Je ne vois plus que les oiseaux de nuit ; tous les autres préviennent le soleil par leur chant et lui rendent le même devoir quand ce bel astre se couche. Dans cet applaudissement général pour la lumière, les oiseaux de nuit seuls montrent une haine déclarée pour elle. Ils l'évitent comme leur ennemi ; ils ne veulent jamais l'avoir pour témoin de leurs actions, et ils se cachent dans les antres les plus obscurs pendant qu'elle éclaire l'univers. Ils attendent avec impatience le retour des ténèbres pour sortir des prisons où le jour les tenait enfermés, et ils témoignent alors leur joie par des cris qui ne sont capables que de porter la crainte, la consternation, l'effroi dans l'esprit de ceux qui les entendent, car ces oiseaux ont chacun leur cri particulier, selon leur espèce différente ; mais il n'y en a aucun qui ne soit lugubre et alarmant. Leur figure a quelque chose de sauvage, de hideux, de taciturne, de sombre, et l'on croit voir dans leur physionomie la haine peinte et contre l'homme et contre tous les animaux. Ils ont presque tous un bec crochu et des serres tranchantes pour saisir leur proie, et ils se servent des ténèbres et du temps du sommeil pour surprendre les autres oiseaux endormis, dont les plus forts ont peine à leur échapper, et dont les plus faibles sont assurément leurs victimes. Ils joignent aussi la surprise à la cruauté, et l'artifice à la fureur ; et, après n'avoir veillé que pour le malheur public, ils se retirent avant le lever du soleil dans leurs cavernes sombres et inaccessibles à la lumière. Ils préfèrent ordinairement les anciens châteaux et les vieilles masures à toutes les autres retraites, comme si la désolation et les ruines, qui marquent la négligence des maîtres ou la décadence des familles, étaient capables d'inspirer quelques sentiments de joie à ces funestes oiseaux.

Comme les oiseaux de nuit sont ennemis de tous les autres, ils en sont aussi universellement haïs ; et, dès que la chouette, le hibou, le duc, l'orfraie sont découverts quelque part, ou parce qu'ils ne se sont pas cachés avec assez de précaution, ou parce que leur cri les a décelés, il se fait une conjuration générale contre le triste oiseau. Petits et grands, tous l'environnent avec grand bruit, quoiqu'il soit rare qu'il en soit attaqué aussi impunément qu'il en est insulté. C'est de cette haine publique et déclarée que se servent les oiseleurs pour tendre des piéges à ceux qui accourent imprudemment au cri, ou véritable, ou imité, de l'un de ces oiseaux ennemis de tous les autres.

La comtesse. Cette petite chasse est fort amusante, M. le chevalier la connait-il ?

Le chevalier. Je sais bien qu'elle se nomme la pipée : on m'en a souvent parlé, mais c'est un plaisir qu'on ne m'a que promis.

La comtesse. Il faut vous le donner.

Le comte. Pas plus tard que demain; mais êtes-vous homme à devancer le lever du soleil.

Le chevalier. C'est moi qui éveillerai tout le monde.

Le comte. Allons-nous-en donc commander qu'on fasse les préparatifs.

Le chevalier. Je me charge du soin d'amasser toutes les cages du logis, celles qui se trouveront chez M. le prieur, et tout ce qu'il y en a dans le village.

Le comte. Nous vous fournirons tout sans sortir d'ici, et je vous réponds toujours de vous faire avoir plus de cages que d'oiseaux.

HUITIÈME ENTRETIEN.

Les animaux terrestres.

LE COMTE, LA COMTESSE, LE PRIEUR,
LE CHEVALIER.

LA COMTESSE. Dites-moi , M. le chevalier, en attendant que nos Messieurs arrivent, lequel aimeriez-vous mieux, ou de l'emploi d'académicien , ou de celui d'oiseleur?

LE CHEVALIER. Il y a plus à profiter pour moi à celui d'académicien.

LA COMTESSE. Parlez-moi franchement. Si à présent on vous proposait d'assister à un entretien de physique ou à une seconde pipée, que feriez-vous?

LE CHEVALIER. J'irais bien vite préparer des gluaux.

LA COMTESSE. Voilà qui est naturel. Eh bien ! au lieu de la pipée, qu'on ne peut recommencer souvent, parce que les oiseaux se défient de l'endroit où on leur a tendu un piége, et qu'il faudrait faire un nouvel abattis de bois, je vous promets pour aujourd'hui , et pour autant de fois qu'il vous plaira, le divertissement de la pêche , qui ne vous amusera pas moins. En attendant , allons à la chasse aux grandes bêtes; faisons rouler la conversation sur les animaux terrestres. Voici tout notre monde.

Messieurs, vous êtes-vous trouvés mécontents de m'avoir laissée régler les sujets de nos entretiens précédents? souffrez que je continue. Si je vous laissais choisir, vous me mèneriez peut-être dans des pays dont je ne sais point la carte. Après avoir parlé des insectes, des poissons et des oiseaux, il ne sera pas mal de venir aux animaux terrestres, comme la brebis, le bœuf, le lion , 'éléphant même, si vous voulez. Je vous laisse à vous autres, Messieurs, pleine liberté de choisir les plus curieux et les plus rares; pour moi, je m'en tiendrai à ce qui est le plus commun.

LE COMTE. Madame, c'est le plus commun et le plus ordinaire qui mérite le plus d'être observé en eux. Il ne faut pas aller en Asie pour trouver des sujets d'admiration : nous en sommes environnés.

LA COMTESSE. Messieurs, je vous prie, prenez pour vous l'Asie et l'Afrique; joignez-y l'Amérique, si vous voulez : c'est bien de quoi vous contenter. Si vous prenez les animaux ordinaires, vous m'ôtez tout; votre présidente n'aura plus rien à dire.

LE PRIEUR. Le sujet est abondant, nous ne l'épuiserons pas, même en le partageant; les seuls animaux domestiques suffiraient pour vingt entretiens. M. le chevalier, ouvrez la thèse sans étude ni préparation; vous allez nous faire sentir un des plus beaux traits de la libéralité de Dieu envers l'homme, en répondant à une question. Si on allait dans les bois chercher quantité de petits louveteaux, une centaine de faons de biches et autant de lionceaux, ne pourrait-on pas les élever, les apprivoiser, puis les partager en trois bandes selon leur espèce, et les nourrir dans les campagnes, comme on nourrit les brebis et les vaches?

LE CHEVALIER. C'est une chose impossible. Je sais qu'on pourrait les élever et les apprivoiser jusqu'à un certain point; mais ces animaux sont toujours d'un naturel féroce, sauvage et traître. Jamais on ne pourrait les conserver longtemps, moins encore les mener par troupeaux.

LE PRIEUR. Vous aviez cru jusqu'à présent que cette réunion d'un grand troupeau de vaches, ou de chèvres, ou de brebis, sous la conduite d'un seul berger et sous la verge d'un petit enfant, était le fruit de l'industrie des hommes. Qu'en

pensez-vous à présent que vous y faites attention?

LE CHEVALIER. Je vois bien que cette réunion
est l'ouvrage de Dieu seul; c'est un des beaux
présents qu'il nous a faits.

LE PRIEUR. Quand on pourrait apprivoiser les
lions et les ours, jamais on ne parviendrait ni à
les faire labourer, ni à porter des fardeaux. Se
réduiront-ils jamais à l'herbe des champs pour
toute nourriture? L'éducation ne change point la
nature même, et, s'il fallait les nourrir selon leurs
inclinations, libertins et carnassiers comme ils
sont, ils ruineraient bientôt leur maître au lieu de
le soulager dans son travail. Tout au contraire, la
plupart des animaux domestiques dépensent peu
et travaillent beaucoup; ils aiment mieux la maison
de l'homme que leur propre liberté; ils sont pleins
de force, et ne s'en servent que pour lui; ils lui
obéissent comme à leur seigneur; le premier
ordre qu'il leur donne est suivi de la plus prompte
obéissance. Quelle récompense attendent-ils de
leur service? un peu d'herbe, même la plus sèche,
ou le moindre de tous nos grains leur suffit; les
viandes les plus délicates n'ont pour eux aucun
attrait, ils s'en détournent plutôt comme d'un poi-
son. Des inclinations si sobres et si avantageuses
pour nous sont-elles dues à nos soins? Est-ce notre
industrie qui les fait naître? Non, assurément, et
M. le chevalier les a appelées avec raison un des
plus beaux présents de Dieu.

LA COMTESSE. Il faut être ingrat ou aveugle pour en disconvenir, car ces animaux ne sont pas seulement dociles, mais ils nous aiment naturellement et nous viennent présenter d'eux-mêmes leurs différents services, puisqu'ils ne s'éloignent jamais de nous; au lieu que les autres, qui ne sont pas destinés à partager nos peines, se contentent de ne nous pas faire de mal à moins qu'ils n'y soient comme forcés, et se retirent dans le fond des déserts et des bois par considération pour l'homme, à qui ils laissent la place libre.

LE CHEVALIER. La Providence se fait sentir dans les inclinations bienfaisantes qu'elle inspire aux animaux domestiques ; mais je voudrais savoir comment on peut concilier avec la bonté de Dieu les inclinations carnassières des bêtes sauvages. Le loup qui fond sur un troupeau vous paraît-il propre à faire honneur à la Providence ?

LE PRIEUR. Il l'honore sans doute à sa manière , puisqu'il remplit les vues qu'elle s'est proposées sur lui. Elle a créé quelques animaux pour vivre auprès de l'homme; elle en a créé d'autres pour peupler les bois et les déserts, pour animer toute la nature, pour exercer et punir l'homme lorsqu'il serait pécheur et perverti; elle se fait admirer dans la docilité qu'elle inspire aux animaux qui vivent pour le bien et par le secours de l'homme. Son attention se fait-elle moins connaître par la conservation de tous ces animaux sauvages qu'elle nourrit dans les rochers et dans les solitudes, sans cabanes, sans pasteurs, sans magasins, sans aucun secours de la part des hommes, ou plutôt malgré les efforts que font les hommes pour les détruire, et qui néanmoins sont mieux pourvus de tout, sont plus légers à la course, plus forts, mieux nourris, plus alègres, d'un poil plus poli, d'une taille mieux tournée que la plupart de ceux dont les hommes sont les pourvoyeurs?

LA COMTESSE. M. le chevalier, vous voyez que la Providence éclate et agit partout; elle mérite encore plus nos adorations que nos critiques dans les choses que nous ne comprenons pas. Mais revenons, je vous prie, à nos animaux domestiques, et continuons à prendre des sujets qui soient à ma portée. Que M. le comte, par exemple, nous donne l'éloge de son cheval, M. le chevalier peut nous donner celui de son chien, dont il nous a quelquefois vanté la figure et l'adresse ; pour moi, en bonne ménagère, je me déclare pour les troupeaux. M. le prieur, tout le reste est à vous.

LE COMTE. Je suis très-content de mon lot. Si la mode et l'usage n'avaient pas attribué au lion le titre de roi des animaux, il me semble que la raison le donnerait au cheval. Le lion n'est rien moins que le roi des animaux; il en est plutôt le tyran, puisqu'il ne fait que les dévorer ou les effrayer. Le cheval, au contraire, ne fait tort aux autres animaux ni dans leurs personnes, ni dans leurs biens; il n'a rien qui le rende le moins du monde haïssable; on ne lui connaît aucune mauvaise qualité, et il en a toutes sortes de bonnes; il est de tous les animaux le mieux pris dans sa taille, le plus noble dans ses inclinations, le plus libéral de ses services et le plus frugal dans sa nourriture. Promenez vos yeux sur tous les autres, en trouverez-vous un dont la tête ait plus de finesse et de grâce? Peut-on voir des yeux plus pleins de feu, une encolure plus fière, un plus beau corps, une crinière qui flotte au gré du vent avec plus de bienséance, et des jambes qui se plient plus proprement? Qu'il soit en exercice sous le cavalier, ou que, débarrassé de la bride et du mors, il se joue en liberté dans la campagne, vous lui trouverez dans toutes ses attitudes un port noble et un air qui se fait sentir à ceux mêmes qui ont là-dessus le moins de connaissance.

Il est encore plus aimable par ses inclinations. Il n'en a pour ainsi dire qu'une, qui est de servir son maître. Faut-il cultiver ses terres ou transporter ses bagages? il est près à tout et succombera sous le travail plutôt que de reculer. S'agit-il de porter son maître lui-même, il paraît sensible à cet honneur, il étudie la manière de le contenter, et au moindre signe il diversifie sa marche, toujours prêt à la retarder, à la doubler, à la précipiter dès qu'il connaît la volonté du cavalier. Ni la longueur du voyage, ni les chemins raboteux, ni les fossés, ni les rivières les plus rapides, rien ne le décourage : il franchit tout; c'est un oiseau que rien n'arrête. Faut-il faire plus? faut-il défendre son maître, ou aller avec lui à l'attaque de l'ennemi? il va au-devant des hommes armés, il se rit de la peur et en est incapable. Le son de la trompette et le signal du combat réveillent son courage, et la vue d'une épée ne le fait pas reculer*.

La comtesse. Mais, mon mari, ceci est un panégyrique.

Le comte. J'avais encore cent choses à dire sur les courbettes, sur les caracoles, et sur tout sur les airs du cheval; mais, puisque vous vous êtes moqué de la première partie d'un éloge sans façon et des plus militaires, vous n'aurez point la seconde. Allons, M. le chevalier, faites venir votre chien; voyons ce qu'il sait faire.

Le chevalier. Je voudrais l'avoir ici : il ferait plus de plaisir que ce que j'en dirai. Mon chien se nomme Mouphti; c'est le roi des barbets. Il a dans la figure tout ce qu'il faut pour plaire : beau poil, grande coiffure, amples moustaches, palatines et engageantes toujours blanches : rien ne lui manque; chien bien élevé avec cela, et qui a fait ses exercices avec distinction. Il sait chasser, danser, sauter et faire cent tours d'adresse.

Ce qui me divertit le plus dans Mouphti, ce

---

* Job, xxxix, 12.

sont ses manières et ses petites ruses naturelles. Que je prenne mes livres pour m'en aller au collége, mon pauvre chien, qui va être trois heures sans me voir, prend un air sombre et rechigné, comme si on lui faisait grand tort. Il se plante vis-à-vis de la porte, et attend là le moment où il me reverra. Qu'au lieu de mes livres je prenne mon épée, ou que je lâche seulement le mot de promenade, il va conter sa bonne fortune à toute la maison; il monte, il descend, il tourne, et se met quelquefois à japper d'une façon qui donne envie de rire à tout le monde. Si je tarde à sortir, il semble soupçonner que je délibère sur ce que je ferai de lui. Il décampe par provision et va m'attendre à trente pas du logis, au premier carrefour, plein d'espérance d'être de la partie. Lui dit-on qu'il n'en sera pas? il fait d'abord ses remontrances et essaie de faire révoquer l'ordre. Il a l'air digne de compassion quand on lui apprend nettement qu'il faut rentrer; mais il n'y a sorte de reconnaissance que je n'en reçoive quand je lui dis : Partons. C'est tout autre chose encore après une absence de quelques jours : il semble que je revienne exprès pour lui : il extravague en ce moment, et souvent une ou deux heures ne lui suffisent pas pour me dire tout ce qu'il a dans le cœur.

Son amitié ne se borne pas là. Il semble veiller nuit et jour pour empêcher qu'on ne me fasse tort.

Il entend tout, il m'avertit de tout. Il a toujours la dent prête contre ceux qu'il ne connait pas; mais il n'en fait usage que selon mes ordres : il voit dans mes yeux ce qu'il faut faire, et, quand on m'attaque, une épée nue ne l'arrêterait pas. Il y a quelques mois que je commençai pour la première fois à faire des armes : je vis l'heure qu'il arracherait le gras de la jambe au maître d'escrime. Depuis ce temps-là ils sont brouillés à n'en plus revenir : il faut les séparer.

LE COMTE. Assurément tous les tours les plus ingénieux qu'on puisse apprendre à un chien ne sont pas à beaucoup près aussi estimables que cette amitié si vive et si courageuse qu'il montre pour son maître, et l'on voit bien que Dieu a mis le chien auprès de l'homme pour lui servir de compagnie, d'aide et de défense. Les services que les chiens nous rendent sont aussi diversifiés que leurs espèces.

Le mâtin et le dogue gardent nos maisons durant la nuit, et ils réservent toute leur méchanceté pour le temps où l'on peut avoir de mauvais desseins contre nous. Les chiens de bergers savent également faire la guerre aux loups et discipliner le troupeau. Parmi les chiens de chasse, le basset a les jambes extrêmement courtes pour se glisser sous l'herbe, sous les broussailles et dans les buissons. Le lévrier, pour percer l'air avec facilité, a reçu une tête aiguë et une taille fine ; ses jambes si hautes et si menues embrassent beaucoup de terrain ; il surpasse en légèreté le lièvre même, qui n'a pour toute défense que sa promptitude et les ruses de sa fuite. Le lévrier est le contre-pied du basset dans sa structure comme dans ses fonctions. Celui-ci a la vue faible et le nez fin, parce qu'il a plus besoin d'un odorat sûr que d'une vue perçante lorsqu'il s'enfonce sous terre ou dans l'épaisseur d'un taillis ; le lévrier, tout au contraire, qui n'est bon qu'en plaine, a peu de nez; mais il voit de loin et démêle sûrement sa proie, quelques détours qu'elle lui donne. Le chien couchant arrête et se couche dès qu'il voit le gibier, pour avertir son maître. Les chiens couchants sont de bien des sortes; leurs noms varient comme leurs fonctions. Tous sont également ardents et fidèles à fournir le service qui leur est prescrit. Le maître, rarement content des amis qui l'accompagnent et qui chassent avec peu d'ordre, est charmé de la capacité et de l'intelligence de tous ses chiens. Après la chasse et la courte joie d'une curée qu'on ne leur accorde pas toujours, tous reviennent au chenil et à l'attache : ils oublient alors toute leur férocité, sacrifient gaiement leur liberté, et se contentent sans regrets ni murmure de la nourriture la plus grossière. C'est assez pour eux d'avoir procuré à leur maître une venaison excellente et un divertissement honnête.

Enfin parmi ces différents domestiques qui nous

sont si soumis et si attachés, il n'y a pas jusqu'aux épagneuls et aux danois, jusqu'aux moindres espèces qui ne se rendent aimables par leur enjouement, chers par leur assiduité, quelquefois utiles par un mot d'avis donné à propos à leur maître endormi. Je ne vois guère parmi les animaux que le cheval et le chien pour qui l'on puisse sentir quelque attachement : aussi dit-on en proverbe : que l'homme, le cheval, et le chien, ne s'ennuyèrent jamais ensemble.

LA COMTESSE. L'homme trouve dans le cheval une voiture commode, dans le chien une garde fidèle, et dans l'un et l'autre un amusement toujours sûr. Mais il y a des choses qui lui sont plus nécessaires, la nourriture et l'habit. C'est dans les troupeaux qu'il les trouve. La chair de ces animaux est si succulente et si parfaite, qu'on quitte les viandes les plus exquises pour revenir à celles-là, et qu'on ne s'en lasse jamais. Tant que nous les laissons vivre, à quoi emploient-ils leurs jours. Il est visible que la vache, la chèvre, la brebis n'ont été mises auprès de nous que pour nous enrichir. Nous leur donnons un peu d'herbe ou la liberté d'aller manger dans la campagne ce qui nous est le plus inutile, et elles reviennent tous les soirs payer ce service par des ruisseaux de crème et de lait. La nuit n'est point passée qu'elles gagnent par un second paiement la nourriture du jour qui suit. La vache seule fournit ce qui suffit aux pauvres après le pain, et elle met sur la table des riches la diversité la plus délicieuse. La brebis, contente d'être vêtue pendant l'hiver, nous abandonne l'usage de sa toison pendant l'été. Enfin on tire de ces animaux et de ceux qui sont encore plus méprisables, cent autres commodités que nous ne pourrions tirer de ceux qui évitent l'homme. Les animaux sauvages ne viennent à nous que pour nous piller; les animaux domestiques ne s'arrêtent auprès de nous que pour nous donner. Si quelque chose diminue l'estime des présents qu'ils nous font, c'est qu'ils les réitèrent tous les jours. On n'y pense plus, la facilité de les avoir les avilit; mais c'est réellement ce qui en augmente le mérite. Une libéralité qui n'est jamais interrompue et qui recommence tous les jours, mérite une reconnaissance toujours nouvelle; et le moins que nous puissions faire, quand nous recevons du bien, est de daigner nous en apercevoir.

Ces animaux sont toujours sous nos yeux, et chaque jour j'y aperçois quelque nouveau trait d'une direction sage et d'une Providence bienfaisante. Que je m'arrête à considérer une mère, je lui trouve une tendresse pour son petit, qui va jusqu'à l'excès. Cette tendresse de la mère supplée à tout, et le petit se trouve pourvu de tout. Que j'arrête mes yeux sur le petit, il est un nouvel objet de surprise dans tous ses différents progrès. Lorsqu'il ne voit pas encore, il ne laisse pas de trouver la mamelle, et, quoiqu'il ignore la nécessité de la pression, il en fait usage fort à propos, pour en exprimer aussi la nourriture. Sépare-t-on quelque temps le petit de la mère? ils se cherchent l'un l'autre avec une ardeur égale, et lorsqu'ils sont à portée de s'entendre, ils s'entr'avertissent par des cris qu'ils savent démêler. La mère distingue entre mille agneaux le cri de son petit, et celui-ci distingue entre mille mères le cri de la sienne qui lui répond. Le berger s'y méprend, mais la mère et le petit ne s'y méprennent pas, et les avis mutuels qu'ils se donnent de leur arrivée sont suivis enfin d'une agréable réunion.

Le petit devenu fort et capable de se nourrir lui-même, il est juste que la mère en soit déchargée; aussi le chasse-t-elle alors jusqu'à le maltraiter s'il s'obstine à la suivre, et la tendresse de l'une ne dure qu'autant que le besoin de l'autre. Le petit, privé de lait, se familiarise par nécessité avec une nourriture plus grossière; il apprend à brouter l'herbe et à ruminer pendant la nuit ce qu'il a coupé et mis en réserve pendant le jour. Peu à peu il distingue les saisons : pendant les longs jours d'été, il se repose et rumine, parce qu'il le peut faire sans risque; mais en hiver, que les jours sont courts, il n'a pas de temps à perdre, il se hâte de manger pour avoir une provision suffisante et achève sa digestion en remâchant à loisir pendant la nuit.

Il y aurait mille autres choses à dire sur les animaux domestiques, mais je suis curieuse de savoir quel est celui que M. le prieur nous réserve.

Le prieur. Celui dont je veux vous faire l'éloge a des qualités tout à fait singulières; on ne les met pas en œuvre en tout lieu, mais l'usage en est fort étendu et très-avantageux à l'homme. Il n'y a pas au monde un animal plus laborieux, plus constant, plus patient et plus sobre à la fois. Vous croyez peut-être que je veux vous parler de l'éléphant, qu'on accoutume, si l'on veut, à obéir à un enfant, et qui porte des tours chargées de combattants sans s'épouvanter du fracas ni des coups; ou que je veux parler du chameau, qui est si utile pour les longs voyages et qui porte jusqu'à mille pesant, d'où vient qu'en Orient on le nomme le Vaisseau du désert; arrivé au gîte, il plie obligeamment les genoux et s'abaisse jusqu'à terre pour faciliter la décharge de ses ballots. Ces animaux ont leur mérite, mais celui dont je veux parler est d'un usage bien plus universel.

Le chevalier. Peut-on savoir comment il se nomme?

Le prieur. L'âne, puisqu'il faut le nommer.

Le chevalier. Eh! Monsieur, quel choix faites-vous là?

La comtesse. Ne vous reste-t-il que celui-là à nous donner? Que ne prenez-vous le chat? il est de si bon service; il est plaisant dans ses jeux;

vous auriez cent choses à en dire, bien des appli-cations à faire sur son minois hypocrite, sur cette patte si douce et pourtant armée de griffes, sur ses ruses, ses détours et son allure éternellement tortueuse. Il y aurait bien là de quoi exercer votre style.

Le prieur. Tout le monde abandonne l'âne, je le veux prendre sous ma protection. Vu d'une cer-taine façon, cet animal me plaît, et j'espère vous montrer que, bien loin d'avoir besoin d'indulgence ou d'apologie, il peut être l'objet d'un éloge rai-sonnable.

L'âne, je l'avoue, n'a pas les qualités brillantes, mais il a les bonnes. Si l'on s'adresse à d'autres animaux pour les services distingués, celui-ci fournit au moins les plus nécessaires. Il n'a pas la voix tout à fait belle, ni l'air noble, ni les ma-nières fort vives; mais une belle voix est un mérite bien mince parmi des gens solides; l'air noble est remplacé chez lui par une douce et modeste conte-nance. Au lieu de ces manières si turbulentes et si irrégulières du cheval, qui incommodent souvent plus qu'elles ne plaisent, l'âne a une façon d'agir toute naïve et toute simple. Point d'air rengorgé, point de suffisance; il va uniment son chemin. Il ne va pas bien vite, mais il va de suite et longtemps. Il achève sa besogne sans bruit; il vous rend ses services avec persévérance, et, ce qui est un grand point dans un domestique, il ne les fait point valoir. Nul apprêt pour son repas, le premier chardon en fait l'affaire. Il ne se croit rien dû; on ne le voit jamais ni dégoûté ni mécontent; tout ce qu'on lui donne est bien reçu. Il goûte très-bien les meilleures choses, et se contente honnêtement des plus mauvaises. Si on l'oublie et qu'on l'attache un peu loin de l'herbe, il prie son maître, le plus pathétiquement qu'il lui est possible, de pourvoir à ses besoins : bien est-il juste qu'il vive; il y emploie toute sa rhétorique. Sa harangue faite, il attend patiemment l'arrivée d'un peu de son ou de quelques feuillages inutiles. A peine a-t-il achevé son repas à la hâte, qu'il reprend sa charge et se remet en marche sans réplique ni murmure. Voilà certainement des manières estimables; voyons à quoi il est employé.

Ses occupations se ressentent de la bassesse des gens qui le mettent en œuvre; mais les jugements qu'on porte de l'âne et du maître sont également injustes. Le travail du juge, de l'homme d'affaires et du financier a un air plus important, leur habit en impose; au contraire, le travail du paysan a un air bas et méprisable, parce que son habit est pauvre, et son état méprisé; mais réellement nous prenons le change : c'est le travail du paysan qui est le plus estimable et le seul nécessaire. Que nous importe que le financier soit doré depuis la tête jusqu'aux pieds? ce n'est pas pour notre avantage qu'il travaille. J'avoue qu'on ne se peut guère passer de juges ni d'avocats, mais ce sont nos sottises qui les rendent nécessaires; il n'en faudra plus quand nous serons raisonnables; au lieu que nous ne pouvons en aucune sorte, ni en aucun temps, ni dans aucune condition, nous passer du paysan et de l'artisan. Ces gens sont comme le nerf de la république et le soutien de notre vie. C'est d'eux que nous tirons de quoi remplir à chaque instant quelqu'un de nos besoins; nos maisons, nos habits, nos meubles et notre nourriture, tout vient d'eux. Or, où en seraient réduits les vignerons, les jardiniers, les maçons et la plupart des gens de la campagne, c'est-à-dire les deux tiers des hommes, s'il leur fallait d'autres hommes ou des chevaux pour le transport de leurs marchandises et des matières qu'ils emploient? L'âne est sans cesse à leur secours; il porte le fruit, les herbages, les peaux de bêtes, le charbon, le bois, la tuile, la brique, le plâtre, la chaux, la paille et le fumier. Tout ce qu'il y a de plus abject est son lot ordinaire. C'est un grand avantage pour cette multitude d'ouvriers et pour nous de trouver un animal doux, vigoureux et infatigable, qui, sans frais et sans orgueil, remplisse nos villages et nos villes de toute sorte de commodités. Une courte comparaison achèvera de vous faire mieux sentir l'utilité de ses services et de le tirer en quelque sorte de son obscurité.

Le cheval ressemble assez à ces nations qui aiment le brillant et le fracas, qui sautent et dansent toujours, qui s'occupent beaucoup des dehors et qui mettent de l'enjouement partout. Elles sont admirables dans les occasions distinguées et décisives, mais souvent leur feu dégénère en fougue : elles s'emportent, elles s'épuisent et perdent leurs plus beaux avantages, faute de ménagement et de modération.

L'âne, au contraïre, ressemble à ces peuples naturellement épais et pacifiques, qui connaissent leur labourage ou leur commerce, et rien de plus ; vont leur train sans distraction, et achèvent d'un air sérieux et opiniâtre tout ce qu'ils ont une fois entrepris.

La comtesse. Ne serait-on pas tenté de croire que M. le prieur dit vrai, et qu'il y va de bonne guerre ?

Le comte. Il y a certainement plus que du badinage dans tout ce que nous venons d'entendre ; mais c'est une chose insoutenable en toute manière d'avoir fait d'un pareil animal l'objet d'un éloge académique, c'est nous avilir. Si je suis secondé, M. le prieur, à la pluralité des voix, sera déclaré n'avoir fourni son contingent, et obligé, en conséquence, à un dédommagement recevable.

Le chevalier. Allons, M. le prieur, vous êtes en train de bien dire, je ne vous condamne pas à recommencer, mais je vous en prie bien fort.

La comtesse. Et moi, tant du consentement des

autres que de mon autorité de présidente, je dis que M. le prieur sera tenu de nous fournir un éloge qui soit de bon aloi, et, au cas qu'il ne juge devoir choisir son sujet parmi les animaux domestiques, permis à lui d'avoir son recours sur et parmi les animaux sauvages.

LE PRIEUR. Ceux qui font les lois peuvent les interpréter. Me sera-t-il permis de prendre un animal étranger?

LA COMTESSE. Vous avez à commandement les quatre parties du monde. Mais attendez, je vous prie, pourriez-vous nous rappeler celui qui est si bon architecte? Oh! aidez-moi, son nom ne me revient pas.

LE PRIEUR. Madame veut peut-être parler du castor?

LA COMTESSE. Le voilà.

LE PRIEUR. Mais, Madame, la description en sera mille fois mieux de votre façon que de la mienne.

LA COMTESSE. Eh! quelle conscience est la vôtre? vous contractez une dette, et vous voulez qu'un autre l'acquitte?

LE PRIEUR. Il n'y a pas moyen de reculer. On peut considérer dans le castor ou l'usage qu'on fait de sa dépouille, ou l'adresse avec laquelle il sait bâtir son logement.

LE CHEVALIER. Voudriez-vous, Monsieur, commencer comme vous avez fait pour les abeilles, et me dire d'abord avec quels instruments il bâtit.

LE PRIEUR. Il en a trois : ses dents, ses pattes et sa queue. Ses dents sont fortes, et, à l'aide d'une racine longue et courbée, elles sont profondément emboîtées dans la mâchoire. Il s'en sert pour couper le bois avec lequel il construit son bâtiment et celui dont il fait sa nourriture. Il a les pieds de devant comme ceux des animaux qui aiment à ronger et qui tiennent ce qu'ils mangent entre leurs pattes, comme les singes, les rats, les écureuils. Il se sert aussi de ses pieds de devant pour fouir, gratter, amollir et gâcher la terre glaise, dont il fait grand usage. Ses pieds de derrière sont garnis de membranes ou de grandes peaux entre les doigts, comme ceux des canards et de tous les oiseaux de rivière. On voit par là que l'Auteur de la nature l'a destiné à vivre dans l'eau et sur la terre. Sa queue est longue, aplatie horizontalement et toute couverte d'écailles, garnie de muscles et toujours humectée d'huile ou de graisse, qu'il porte dans une poche. Cet animal, né architecte, se sert de sa queue au lieu d'auge et d'oiseau pour porter le mortier ou la glaise; il s'en sert ensuite comme d'une truelle pour l'étendre et en faire un enduit. Les écailles empêchent que ces matières ne pénètrent la queue par le froid et l'humidité; mais la queue et les écailles souffriraient à l'air et à l'eau sans le secours d'une huile qu'il y porte partout avec le museau.

Les castors demeurent par troupes dans un même logement tant que les grandes chaleurs, ou les grandes inondations, ou les poursuites des chasseurs, ou la disette des vivres, ou le trop grand nombre d'enfants ne les obligent pas de s'éloigner. Pour établir leur demeure, ils choisissent un endroit abondant en vivres, arrosé de quelques ruisseaux et convenable pour y faire un lac ou un réservoir d'eau où ils puissent aller prendre le bain *. Ils commencent par y construire une chaussée ou une levée qui tienne l'eau au niveau du premier étage de leur logement.

Le chevalier. Du premier étage? y a-t-il là, comme chez nous, le premier et le second?

Le prieur. Tout de même. Mais examinons d'abord la chaussée qui ferme leur abreuvoir et qui sert à entretenir l'eau à une hauteur suffisante. Cette chaussée peut avoir dix ou douze pieds d'épaisseur à son fondement; elle est en talus ou en pente, du côté de l'eau qui pèse dessus, suivant sa hauteur, et la presse puissamment contre terre. Le côté opposé est à plomb comme nos murailles, et ce talus, qui a douze pieds de large en bas, diminue vers le haut, où il n'en a plus que deux. La matière de cette chaussée n'est que du bois et de

---

* Les castors ont l'ouverture des narines garnie d'une valvule mobile, au moyen de laquelle ils empêchent l'eau de pénétrer dans leur trachée-artère, et leur pavillon auriculaire est disposé de manière à pouvoir boucher l'orifice extérieur du canal auditif pendant qu'ils sont sous l'eau. (Note de l'éditeur.)

la terre glaise. Les castors tranchent avec une facilité merveilleuse des morceaux de bois, les uns gros comme le bras, les autres comme la cuisse, et longs depuis deux jusqu'à quatre, cinq et six pieds, ou même plus, selon que le talus monte. Ils les enfoncent par un bout dans la terre, fort proche les uns des autres, les entrelaçant avec d'autres morceaux plus petits et plus souples. Mais, comme l'eau s'échapperait au travers et mettrait l'abreuvoir à sec, ils ont recours à la terre glaise qu'ils savent fort bien trouver, et avec laquelle ils remplissent tous les vides par dehors et par dedans, de façon que l'eau ne va pas plus loin. On continue à élever la digue à mesure que l'eau s'élève et devient abondante. Ils savent que le transport des matériaux est plus facile à faire par eau que par terre, et ils profitent de la crue des eaux pour porter à la nage le mortier sur leur queue, et les morceaux de bois entre leurs dents, partout où ils en ont besoin. Si la force de l'eau ou les chasseurs qui courent sur leurs ouvrages y font par hasard quelque crevasse, ils rebouchent bien vite le trou, visitent tout l'édifice, réparent et entretiennent tout avec une vigilance parfaite ; mais, quand les chasseurs les viennent voir trop souvent, ils ne travaillent plus que de nuit, ou même abandonnent leur ouvrage.

La chaussée ou la digue de l'abreuvoir étant finie, ils travaillent à leurs cabanes, qui sont des logements ronds ou ovales, partagés en trois pièces qu'ils élèvent l'une sur l'autre : l'une au-dessous du rez-de-chaussée et ordinairement pleine d'eau, les deux autres au-dessus. Ils fondent ces petits bâtiments d'une manière très-solide sur le bord de leur abreuvoir, et toujours par étages, afin que, si l'eau monte, ils se puissent loger plus haut. S'ils trouvent une petite île voisine de l'abreuvoir, ils y construisent leur demeure, qui est alors plus stable, et où ils sont moins incommodés de l'eau, dans laquelle ils ne peuvent être que peu de temps. S'ils ne trouvent pas cet avantage, avec le secours de leurs dents, ils enfoncent dans la terre des pilotis pour maintenir l'édifice contre l'eau et contre les vents. Ils font au bas deux ouvertures pour aller à l'eau : l'une les conduit à l'endroit où ils se baignent, et qu'ils tiennent toujours propre ; l'autre est le passage à l'endroit où l'on porte tout ce qui pourrait salir les étages supérieurs. Ils ont une troisième porte placée plus haut, de peur d'être pris lorsque les glaces leur bouchent les portes de la place basse. Quelquefois ils construisent leur maison entière à sec sur la terre ferme, et font des fossés de cinq à six pieds de profondeur pour descendre jusqu'à l'eau. Ils emploient les mêmes matériaux et la même industrie pour les bâtiments que pour les levées. Les murailles des bâtiments sont perpendiculaires et ont deux pieds d'épaisseur. Comme leurs dents valent bien mieux que des scies, ils tranchent tous les bouts de bois qui excèdent l'aplomb de la muraille ; puis, mêlant de la glaise avec des herbes sèches, ils en font un mortier dont ils enduisent à l'aide de leur queue le dehors et le dedans de l'ouvrage.

Le dedans de la cabane est voûté en anse de panier, et pour l'ordinaire de figure ovale. La grandeur en est réglée sur le nombre de ceux qui y logeront. Douze pieds de long sur huit ou dix de large suffisent pour huit ou dix castors. Si le nombre est plus grand, ils élargissent la place à proportion. On assure en avoir trouvé plus de quatre cents logés dans différentes cabanes qui communiquaient les unes aux autres ; mais ces grandes sociétés sont rares, parce qu'elles sont trop tumultueuses. Les castors savent communément mieux faire leurs parties. Ils s'associent au nombre de dix ou douze, ou un peu plus, tous bons amis et gens de connaissance, sur qui l'on peut compter pour passer agréablement l'hiver ensemble. Ils ont une arithmétique naturelle, qui leur fait proportionner la place et les provisions aux besoins de la compagnie ; et, comme c'est un usage parmi eux de demeurer chacun chez soi, sans jamais découcher, ils ne font point de dépense inutile pour des survenants.

Il y a des castors qu'on appelle terriers, qui font leur demeure dans des cavernes pratiquées

au cœur de quelque terrain relevé au bord ou à
quelque distance de l'eau. Ils pratiquent sous
terre des boyaux qui vont de leur caverne jusqu'à
l'eau, et qui descendent quelquefois depuis dix
jusqu'à cent pieds. Ces boyaux gagnent des retraites inégalement élevées, où ils se mettent à sec
à mesure que les eaux montent. Leurs lits sont
composés de copeaux, qui leur servent de matelas,
et d'herbes, qui leur tiennent lieu de lits de plume.

Tous ces ouvrages, surtout dans les pays froids,
sont achevés au mois d'août ou de septembre,
après quoi les castors font leurs provisions *. Durant l'été ils vivent de tous les fruits et de toutes
les plantes que la campagne leur fournit. En hiver
ils vivent de bois de frêne, de plane et autres,
qu'ils font tremper dans l'eau à mesure qu'ils en
ont besoin. Ils sont pourvus d'un double estomac

* Outre cet instinct admirable, qui porte les castors à réunir
leurs forces et leur industrie pour faire ce que leurs efforts isolés
n'auraient pu exécuter, ces animaux ont une autre qualité qui ne
leur est pas moins nécessaire : c'est la prudence. Ce n'est pas assez
pour eux de se mettre à l'abri des intempéries de l'air, ils savent
par expérience qu'ils ont des ennemis vivants, dont il ne leur importe pas moins de se garantir. Pour prévenir leurs attaques,
pendant qu'ils sont renfermés dans leurs demeures, ils ont la précaution d'établir des sentinelles sur les points les plus étroits du
voisinage, et celles-ci, dès qu'elles aperçoivent quelque animal
suspect qui se dirige vers leurs habitations, se mettent à frapper
quelques vigoureux coups de queue, qui portent l'alarme dans les
cabanes. Aussitôt tous les castors se jettent à l'eau et courent se
réfugier dans des terriers qu'ils ont soin de se creuser sur le rivage, et demeurent dans cette retraite jusqu'à ce que le danger
soit passé.   (NOTE DE L'ÉDITEUR.)

pour digérer en deux reprises un aliment si dur.
Ils coupent des brins qui ont depuis trois pieds
jusqu'à dix. Les gros morceaux sont traînés au
réservoir par plusieurs castors à la fois, les petits
par un seul, mais par des chemins différents.
On assigne à chacun sa route, de peur que les
travailleurs ne s'embarrassent mutuellement. On
règle la grandeur du chantier sur le nombre des
habitants, et l'on a observé que la provision de
bois pour dix castors était de trente pieds carrés
sur dix de profondeur. Ces morceaux de bois ne
sont point entassés, mais placés en croisant l'un
sur l'autre et avec des interstices, afin qu'ils puissent arracher le bois au besoin et tirer toujours
celui d'en bas, qui trempe dans l'eau; ils le coupent et l'apportent dans leur cabane, où toute la
famille en vient gruger sa part. Quelquefois ils
vont au bois et régalent leurs petits de quelque
nouvelle nourriture. Les chasseurs, qui savent
qu'ils aiment mieux le bois frais que le bois flotté,
en apportent auprès de leurs cabanes et les prennent à l'affût ou au piége *. Quand l'hiver devient
fort, quelquefois on fend la glace, et, lorsque les
castors viennent à l'ouverture pour respirer, on les
tue avec des haches, ou bien on fait à la glace un

---

* Les ennemis les plus redoutables des castors sont le *glouton*,
espèce d'ours, et l'homme. Celui-ci surtout leur fait tous les hivers
une chasse très-vive pour leur duvet, avec lequel on fabrique les
plus beaux chapeaux, et qui se vend jusqu'à 200 fr. la livre.

(NOTE DE L'ÉDITEUR.)

grand trou qu'on couvre d'un filet bien fort ; on renverse ensuite la cabane; les castors, qui croient à l'ordinaire se sauver en gagnant l'eau et s'échapper par l'ouverture de la glace, donnent dans le panneau et demeurent pris.

Le chevalier. C'est bien dommage de renverser le bâtiment de ces pauvres bêtes, on ne voit nulle part une si grande industrie.

La comtesse. M. le chevalier, voyez-vous ce qui se passe là-bas le long du fossé? c'est une affaire qui vous regarde.

Le chevalier. Où vont ces gens avec leurs perches et leurs filets? C'est vraiment une partie de pêche que Madame veut bien m'accorder. Ces Messieurs en sont-ils?

Le comte. Nous n'abandonnons pas M. le chevalier. Ses plaisirs sont les nôtres.

Le prieur. Vous savez, M. le chevalier, que je suis pêcheur d'hommes. Je vous souhaite votre pêche bonne; mais vous voulez bien permettre que j'aille aussi travailler à la mienne.

NEUVIÈME ENTRETIEN.

Les plantes.

⁂

LE COMTE, LA COMTESSE, LE PRIEUR,
LE CHEVALIER.

LA COMTESSE. M. le chevalier, nous vous faisons apprendre ici tous les arts et tous les métiers tour à tour. Vous avez déjà passé par ceux de chasseur, de tisserand, d'oiseleur et de pêcheur; nous allons vous faire devenir jardinier.

LE CHEVALIER. Quittons-nous si vite l'histoire des animaux? Il en reste encore un si grand nombre dont nous ne nous sommes pas entretenus; on n'en a pas dit un mot. Quoique M. le comte estime peu le *Théâtre des animaux* de Ruysch*, il me permet quelquefois d'en voir les figures qui sont fort nombreuses. Je les parcourus hier : je ne voyais aucun animal nouveau que je ne souhaitasse savoir son nom, sa demeure et son mérite. Je m'imagine qu'il y aurait bien du plaisir à les connaître tous.

LE COMTE. Voilà justement le désir que j'ai cherché à vous inspirer; chaque animal mérite une considération et une étude particulières. La seule trompe de l'éléphant fournirait la matière de plusieurs conversations; mais nous ne voulons pas tout dire non plus, ni vous fatiguer par trop d'exactitude. Nous voulons seulement vous mettre en goût et sur la voie, vous laisser sentir qu'on peut aller beaucoup plus loin, et abandonner le reste à vos recherches.

LA COMTESSE. Mais, M. le chevalier, pensez-vous que nous quittions les animaux en parlant des plantes? Ce sont des espèces d'animaux qui ne marchent pas à la vérité, mais qui se nourrissent et qui deviennent pères d'une nombreuse postérité comme ceux qui marchent.

* Ruysch (Frédéric), savant anatomiste, naturaliste et médecin, naquit à La Haye (Hollande) le 23 mars 1638, et mourut à Amsterdam le 22 février 1731, à 93 ans. Il professa l'anatomie dans cette dernière ville avec une réputation extraordinaire, et fit dans cette science plusieurs découvertes importantes. L'ouvrage de Ruysch dont M. le chevalier parle ici est sans doute celui qui a pour titre : *Thesaurus animalium primus.*

(NOTE DE L'ÉDITEUR.)

LE PRIEUR. Ce que Madame dit en riant, approche beaucoup de la vérité.

LE COMTE. M. le chevalier se rappelle-t-il d'où viennent généralement toutes les plantes?

LE CHEVALIER. De graine.

LE COMTE. Quoi! vous croyez que la terre par sa chaleur et par ses sucs ne pourrait pas former tout d'un coup une plante sans le secours d'une semence?

LE CHEVALIER. Elle ne pourrait pas produire la moindre petite herbe. Je me souviens de ce que vous avez dit des animaux, que la terre leur fournissait à tous la nourriture, mais qu'elle ne pouvait former des êtres organisés. Il n'y a pas moins d'ordre et de dessein dans les plantes que dans les animaux : ainsi le suc de la terre a beau nourrir une plante, c'est tout ce qu'il peut faire; il ne la saurait former.

LE COMTE. Assurément si le suc de la terre produisait des plantes, il faudrait qu'il eût la toute-puissance du Créateur pour faire naître tout d'un coup des racines, des canaux, des fibres, des vésicules pour recevoir et pour distribuer la sève, des glandes pour la filtrer et la proportionner à la délicatesse des vaisseaux où elles lui donnent entrée, des trachées ou des soupiraux pour recevoir et pour distribuer l'air et l'eau, enfin toutes les autres parties de la plante, comme écorce, bois, moelle, bourgeon de branches, fleurs, fruits. Il faudrait

que le suc de la terre eût l'intelligence en partage
pour se diversifier en tant de parties différentes,
et pour ne point se tromper en faisant venir sur
une plante des boutons ou des fruits d'une autre
espèce.

Le chevalier. Je ne comprends pas comment
on peut penser que la terre puisse former le corps
d'une plante. J'aimerais autant dire que c'est elle
aussi qui a formé l'homme, la lune et le soleil.

Le prieur. Je suis ravi que vous sentiez la nécessité de recourir à l'action de l'Être tout-puissant. Il est lui-même incompréhensible, mais sans
lui il n'y a rien d'intelligible. Son action une fois
supposée, on conçoit que tout a pu se faire. C'est
lui seul qui a pu former les éléments dont tous les
corps sont composés, et les conserver toujours les
mêmes, quoique, par leurs différents assemblages,
ils forment des corps infiniment variés; mais il ne
suffisait pas qu'il eût créé les éléments; ces éléments
ont beau se rapprocher, se mélanger, il n'en résulte
que des masses confuses; il ne s'y trouve ni organes, ni vie, ni âme. Supposons la terre nouvelle-
ment faite, elle demeure toute nue et stérile, si
Dieu ne la revêt et ne la peuple. Lui seul a pu or-
ganiser des corps et vivifier des espèces organi-
sées, telles que sont les animaux et les plantes.
Le moindre pied d'oseille ou de cerfeuil a été formé sur un plan particulier et par une volonté spé-
ciale, comme le monde entier.

Quant à la manière de perpétuer les animaux et les arbres, après les avoir formés, il pouvait se réserver, ou d'en créer d'autres au besoin, chaque fois qu'il faudrait en remplacer un vieux par un nouveau : ou bien il pouvait les créer tout d'un coup pour toute la suite des siècles, en renfermant en petit, dans la graine du premier arbre, toute sa postérité future, en sorte que chaque espèce ne pût manquer de produire son semblable et que la terre n'eût qu'à prêter ses sucs pour la nutrition et le développement des germes, et c'est l'ordre magnifique qu'il lui a plu d'établir. L'imagination s'épouvante de trouver des millions de germes renfermés les uns dans les autres; mais la raison sent bien que cela ne doit pas l'arrêter, parce que rien n'est impossible au Créateur.

La comtesse. Toute plante vient d'une graine, c'est une vérité d'expérience et de fait; mais voyons un peu ce que c'est qu'une graine et ce qu'on y trouve. Vous autres qui avez fait des descentes sur les lieux, la lorgnette à la main, vous pouvez nous en instruire.

Le comte. Commençons par le dehors. Toutes les semences des plantes ont différents étuis qui les mettent à couvert jusqu'à ce qu'elles soient mises en terre; on les tourne, on les retourne, on les mesure, on les entasse, le tout sans danger, parce qu'elles sont enveloppées et garanties. Les unes sont dans le cœur des fruits, comme les pepins des pommes et des poires, dont la chair est par conséquent destinée à deux fins : à servir d'enveloppes aux graines lorsqu'elles sont encore tendres, et de nourriture aux hommes lorsque ces graines perfectionnées n'ont plus besoin de surtout; d'autres viennent dans des gousses, comme les pois, les fèves, les lentilles, les graines de pavots, le cacao. Il y en a qui, outre la chair du fruit, ont encore de grosses coques de bois plus ou moins dures, comme les noix, les amandes des abricots, des pêches, des prunes, etc. Plusieurs, outre leur enveloppe ligneuse, ont encore ou un brou amer, comme nous le voyons autour de la noix, ou un fourreau hérissé de pointes pour garantir les graines de toute insulte jusqu'à leur maturité, comme les châtaignes, etc.

LE CHEVALIER. Voilà bien des préservatifs pour des fruits d'une médiocre bonté. La pêche, qui est si excellente, aurait été bien mieux, ce me semble, dans un bon étui de bois : on en aurait joui plus longtemps.

LE PRIEUR. M. le chevalier, Dieu n'est pas moins libre que fécond dans ses opérations. Il a donné une enveloppe ligneuse à la plupart des semences et n'a pas jugé à propos d'en donner une si forte à la chair des fruits, qui n'est elle-même qu'un surtout ou un préservatif pour la semence; il a couvert certains fruits d'une peau légère, d'autres d'une écorce dure; il fait seul les règles, et n'est assujetti à aucune. Mais, quoiqu'il ne nous appartienne que de louer le choix qu'il a fait d'une méthode plutôt que d'une autre, nous pouvons quelquefois essayer modestement d'en trouver la raison. La pêche et la prune sont destinées à nous rafraîchir sur la fin des chaleurs; dans une autre saison elles nous glaceraient, ou du moins elles auraient infiniment moins de prix à cause de la multitude des autres fruits. N'ayant donc que peu de temps à paraître, elles ont été vêtues à la légère; une simple gaze leur suffisait. La pomme et la poire, qui devaient leur succéder et durer jusqu'en hiver, ont reçu un habit d'une étoffe plus serrée. Par la même raison, les châtaignes et les noix, qui devaient durer toute l'année, ont été encore mieux garanties. Les châtaignes servent de nourriture à des peuples entiers; les petits oiseaux les auraient pu mettre en pièces lorsqu'elles sont encore tendres. Pour les garantir de ces insultes, la nature en a hérissé tous les dehors, et peut-être nous insinue-t-elle par ces précautions qu'on en peut faire quelque autre usage plus considérable. La noix sert de nourriture à plusieurs animaux et aux hommes; on en tire une huile propre à brûler, à conserver les peintures et les meubles, à rendre le cuir plus souple, moins cassant et plus fort. La noix est délicieuse quand elle n'est pas encore formée tout à fait; l'homme la met alors sur sa table en parallèle avec la plus belle pêche. Un mets aussi friand attirerait tous les oiseaux et nous priverait de bien des commodités, si l'amertume du brou ne les dégoûtait d'y mettre le bec.

LE COMTE. Outre ces enveloppes, pour ainsi dire externes, chaque graine a encore un sac et un épiderme, ou sa peau, dans laquelle sont renfermés la pulpe et le germe.

On peut juger de toutes les semences par un pois, ou par une fève, ou par un pepin de melon; c'est à peu près la même structure partout. Otez la robe qui enveloppe une fève ou telle semence que vous voudrez, pour l'ordinaire il vous reste à la main deux pièces qui se détachent, et qu'on appelle les deux lobes de la graine. Ces lobes ne sont autre chose qu'un amas de farine qui, étant mêlée avec le suc nourricier de la terre, forme une bouillie ou un lait propre à nourrir le germe.

Au haut des lobes est le germe, planté et enfoncé comme un petit clou. Il est composé d'un corps de tige et d'un pédicule qui deviendra la racine. La tige ou le corps de la petite plante est un peu enfoncée dans l'intérieur de la graine; le pédicule ou la petite racine est cette pointe qu'on voit disposée à sortir la première hors du sac.

Le pédicule ou la queue du germe tient aux lobes par deux liens, ou plutôt par deux tuyaux branchus, dont les rameaux se dispersent dans les lobes, où ils sont destinés à aller chercher les sucs nécessaires à la plante.

La tige, c'est-à-dire le corps de la plante, est empaquetée dans deux feuilles qui la couvrent en entier et la tiennent enfermée comme dans une boîte ou entre deux écailles.

Ces deux feuilles s'ouvrent et se dégagent les premières hors de la graine et hors de la terre; ce sont elles qui préparent la route à la tige, dont elles préservent l'extrême délicatesse de tous les frottements qui pourraient lui être nuisibles, et peut-être ont-elles encore une tout autre utilité. Comme ces deux feuilles, dans un grand nombre de plantes, sont fort différentes du feuillage véritable, et qu'elles sortent les premières de la semence pour garantir l'enfance de la plante, on les nomme feuilles séminales. Il y a bien des graines dont les lobes, s'allongeant hors de terre, font les mêmes fonctions que ces premières feuilles.

Après que la radicule s'est nourrie des sucs qu'elle tire des lobes, elle trouve dans l'enveloppe ou dans l'écorce de la graine une petite ouverture qui répond à sa pointe, et qu'on aperçoit avec le microscope dans le bois des plus durs noyaux, comme dans la robe des graines. La radicule passe par cette ouverture et allonge dans la terre plusieurs filets qu'on nomme *chevelus,* qui sont comme autant de canaux pour amener la sève dans le corps de la racine, d'où elle s'élance dans la tige et lui fait gagner l'air. Si la tige rencontre une terre liée et durcie, elle se détourne, ne la pouvant percer, et quelquefois elle périt, faute de pouvoir aller plus loin. Si, au contraire, elle rencontre une terre douce et légère, elle y fait son chemin sans obstacle. Les lobes, après s'être épuisés au profit de la jeune plante, se pourrissent et se dessèchent. Il en est de même des feuilles séminales, qui, par leurs pores, reçoivent de l'air une humidité et des gaz salutaires à la plante; quand leur service est fini, elles se fanent. La jeune plante, tirant de la terre, par ses chevelus et par sa racine, des sucs plus forts et plus abondants que n'étaient ceux que la graine lui fournissait d'abord, s'affermit de plus en plus et commence à déplier les différentes parties qu'elle tenait auparavant roulées et enveloppées les unes dans les autres.

Le prieur. Si le peu que nous entrevoyons de l'usage et de la correspondance des parties intérieures des plantes est capable de nous remplir d'admiration, quel sera notre étonnement lorsque nous viendrons à en considérer la fécondité? Elles ont des germes sans nombre dans leurs racines, dans leur tige, dans toutes les plus petites branches, dans la plupart de leurs fleurs et dans toutes leurs semences. Un seul arbre, une seule branche, une seule graine suffit pour communiquer une espèce à toute la terre et à tous les siècles. Cette fécondité tient du prodige ; et, si nous devons être touchés de l'excellence des présents que Dieu nous a faits, il me semble que nous le devons être également de la profusion avec laquelle il les a faits. Il n'a pas seulement voulu que l'homme pût parvenir à avoir telle ou telle plante bienfaisante, mais il a voulu et ordonné qu'il fût comme impossible qu'elles manquassent à l'homme, quelque accident qu'il pût jamais leur arriver.

LA COMTESSE. Il y avait ici, il n'y a pas fort longtemps, un homme de beaucoup d'esprit, qui fit sur une des branches d'un jeune ormeau de douze ans l'essai de compter ce qu'il s'y trouverait de graine. Jugeant des huit autres maîtresses branches par celle-là et du produit de cent ans par celui d'un an, il trouvait des millions et des milliards de millions de graines. Il compta de même les bourgeons sensibles qui pouvaient donner de nouvelles branches en une année. Assemblant ensuite ces bourgeons avec ceux d'une centaine d'années et y joignant ceux qui demeuraient inutiles dans toutes les parties de l'arbre, faute d'y trouver les préparations et les ouvertures nécessaires, il formait un calcul qui nous effraya tous, et conclut fort sagement que le caractère, non-seulement de sagesse et de puissance, mais, si on ose le dire, le caractère même d'infini, était imprimé sur tous les ouvrages de Dieu *.

* Mém. de l'*Acad. des sciences*, 1720. — Nieuwentit, *Exist. de Dieu*.

Le prieur. Ces vérités sont dignes de toute notre admiration et de tous nos respects ; elles nous épouvantent parce que nous sommes bornés, mais il est bon de les entrevoir, pour sentir mieux notre petitesse. Et où ne trouvons-nous pas occasion de la sentir? Ce n'est pas seulement dans ce nombre immense des germes d'une plante que notre imagination se confond : une simple fleur, même dans ses dehors sensibles, qu'on voit éclore le matin et se faner le soir, nous présente les traits d'une sagesse à laquelle ni nos yeux ni notre raison ne sont capables d'atteindre. Dieu a voulu exprès nous accabler par cette espèce d'infinité qui se fait sentir partout, même dans les moindres créatures, pour assujettir nos esprits à l'infinité qui est dans son essence, dans ses attributs, dans sa providence, dans ses opérations, dans ses mystères.

La comtesse. Il est très-réel qu'une fleur, qui paraît un objet si commun, renferme non-seulement des beautés, mais même des utilités et des précautions admirables. Une fleur m'avait toujours paru un ouvrage en miniature, propre à réjouir la vue par d'agréables couleurs, et quelquefois l'odorat par une douce exhalaison ; je n'y concevais rien de plus ; mais mon calculateur m'étonna beaucoup quand il m'apprit que non-seulement la fleur était l'étui et le fourreau du fruit, mais même que toutes les parties de la fleur étaient nécessaires pour former et façonner le fruit. Jamais je n'oublierai l'ingénieuse explication qu'il me donna de toutes ces pièces. Nous autres femmes, à qui l'on n'apprend rien, nous sommes quelquefois beaucoup plus frappées que vous de ce que nous entendons de nouveau, et nous le retenons sans peine, parce que nous ne sommes point sujettes à l'embarras que peut causer la multitude des connaissances.

J'invite ces Messieurs à entretenir demain M. le chevalier des plantes les plus curieuses dont ils aient connaissance, car, dans un si grand nombre, il faut se fixer. On ne manquera pas de courir en Asie et en Amérique chercher du singulier et du rare. Pour moi, je prétends bien ne point sortir du voisinage de mon jardin et vous donner quelque chose de plus merveilleux que ce que les étrangers nous vantent le plus : je ne veux pour cela que le chanvre; je le réserve pour moi, et notre entretien de demain va encore une fois retomber en quenouille.

DIXIÈME ENTRETIEN.

Suite des plantes.

M. LE COMTE ET Mme LA COMTESSE, M. LE PRIEUR,
M. LE CHEVALIER.

LA COMTESSE. Je vous l'ai annoncé, Messieurs, je ne vous entretiendrai aujourd'hui que de fil et de chanvre.

LE PRIEUR. Nous ne regardons pas cette matière d'entretien comme un pis aller. Nous avons plus besoin d'être instruits de ce qui sert à nos usages que de ce qui se passe dans la lune ou dans jupiter. Ce ne sont pas toujours les spéculations les plus brillantes, ni le choix des matières les plus éloignées de nous où l'on trouve le plus de profit à faire. J'aime mieux M. de Réaumur occupé à exterminer les teignes de nos tapisseries avec des toisons qui conservent leur suint, ou à multiplier la volaille et à faire éclore les œufs sans le secours des mères, que M. Bernouilli absorbé dans son algèbre, ou M. Leibnitz combinant les divers avantages et inconvénients des mondes possibles. Pour être raisonnable et savant, faut-il toujours être à mille lieues des autres? Je pense, au contraire, que la philosophie ne saurait trop se rapprocher de l'homme et qu'elle ne peut mieux faire que de bien connaître ce qui l'environne et ce qui a rapport à lui.

La comtesse. Il est fort plaisant que M. le prieur me mette sans façon au rang des philosophes, et vous donne pour de la philosophie ce que j'ai à vous dire sur le chanvre, d'après nos paysans, qui en cela sont nos maîtres. Après tout je le veux bien, mais souvenez-vous que c'est de la philosophie de vacances.

Supposez pour un moment que vous êtes trois Américains, trois Iroquois, si vous voulez, ou trois Chinois, il ne m'importe, soit dit sans vous offenser : quelle serait votre surprise, si je vous disais qu'il y a dans notre Europe une petite plante dont le fruit est bon pour nourrir plusieurs oiseaux, pour faire un pain dont on engraisse les bœufs et pour faire une huile qui sert à éclairer une multitude innombrable de familles ; que les

Européennes pour l'ordinaire, plutôt que les hommes, prennent soin de détacher l'écorce de cette plante et qu'elles en fabriquent ces grandes voiles par le moyen desquelles nos vaisseaux vont porter nos marchandises à l'autre bout du monde·et en rapportent ce qui nous manque; qu'avec la même écorce on fait des câbles qui soutiennent les ancres; qu'on en fait des cordes, des sangles et des ficelles, toutes choses d'un usage universel et perpétuel dans la navigation, dans le commerce, dans le labourage, dans le ménage; que la même écorce sert à faire des maisons portatives pour mettre à couvert nos gens de guerre; que nous en faisons le plus bel ornement de nos tables; que nous en faisons un habit de jour et de nuit qui nous tient dans une parfaite propreté et contribue à la santé de nos corps, comme l'usage du bain auquel il a succédé et dont il nous épargne l'embarras et les apprêts; qu'enfin cette écorce, selon les façons que les Européennes lui donnent, devient ou le plus bel ajustement des rois, ou l'habit qui couvre à moins de frais le laboureur et le berger? Voilà ce que nous produit le chanvre.

Eh bien! Messieurs du Nouveau-Monde, ne trouvez-vous pas qu'on est fort heureux dans le nôtre d'avoir des femmes qui sachent manier la quenouille et le fuseau, et façonner cette précieuse écorce?

LE PRIEUR. Madame, comme bon Iroquois, je soutiendrai l'honneur de notre Amérique. Vous nous vantez votre chanvre, c'est quelque chose ; mais nous avons trois sortes d'arbres qui valent au moins le vôtre : l'un est rampant comme une vigne, le second épais comme un buisson, le troisième haut comme un chêne, tous trois, après avoir produit de très-belles fleurs, produisent un fruit gros comme une noix, dont les dehors sont tout à fait noirs. Ce fruit, devenu mûr, s'entr'ouvre et laisse voir une bourre d'une blancheur extrême : c'est ce qu'on appelle le coton. Avec un moulinet on fait tomber la graine d'un côté et le coton de l'autre, puis on le file pour en faire toutes sortes de beaux ouvrages, comme bas, chemises, couvertures, tapisseries, rideaux et ajustements de toute espèce*. C'est avec du coton qu'on fait de la mousseline ; on le mélange quelquefois avec la laine, quelquefois avec la soie et même avec l'or. Après cela, méprisez-vous encore notre Amérique ?

LA COMTESSE. Je sais bon gré à l'Amérique de nous donner le coton ; mais sont-ce vos Iroquoises qui l'apprêtent ? On a recours à nos doigts.

---

* Les filaments du coton sont garnis de petites dentelures visibles au microscope. Ce sont ces dentelures qui rendent le coton si facile à filer et à tisser, et qui expliquent comment ces tissus irritent et égratignent les peaux délicates et les blessures. La même observation a lieu pour les poils des animaux : ceux qui sont dentelés peuvent seuls être feutrés.

(NOTE DE L'ÉDITEUR.)

Le comte. Puisque **M.** le prieur a pris pour lui la qualité d'Iroquois pour être l'avocat du coton, je prendrai celle de Chinois pour revendiquer à l'Asie le coton même, qu'on y recueille très-communément et qu'on y façonne mieux qu'en Europe; mais surtout pour vous vanter encore deux plantes plus admirables : je veux dire l'aloès et le cocotier. Vous n'avez rien dans toute votre Europe qui en approche. Il ne faut pas confondre notre aloès avec la plante du même nom, à longues feuilles pointues, dont on tire une filasse propre à faire de la toile, mais dont le principal mérite est de fournir un suc qui s'épaissit et qui est de bon service dans la médecine*. Notre aloès est un arbre de la hauteur et de la figure d'un olivier; sous son écorce il y a trois sortes de bois : le premier est noir, compacte et pesant; le second, de couleur tannée et léger comme du bois pourri; le troisième, qui est vers le cœur, est d'une odeur très-forte et très-agréable. Le premier se nomme *bois d'aigle*, il est très-rare; le second, ***bois de calambouc,*** on en transporte en Europe, où on l'estime comme une drogue excellente; il brûle comme la cire et répand au feu une odeur aromatique. Le cœur,

---

* Tels sont l'aloès *succotrin* (d'où est venu, par corruption, *chicotin*), l'aloès *hépatique*, l'aloès *caballin*, etc. Les aloès, pris intérieurement, agissent avec une grande énergie, à cause de leur grande amertume et de leur violente âcreté; ils sont purgatifs et toniques. Ils sont aussi employés avec succès dans les arts et dans l'économie domestique. (Note de l'éditeur.)

qu'on appelle le *bois de calambac* ou *tambac,* est plus cher aux Indes que l'or même. On l'emploie pour parfumer les habits et les appartements, et il sert de cordial dans l'épuisement et dans la paralysie*.

Les avantages du cocotier sont d'une autre espèce. Les feuilles de ce grand arbre, qui s'élève à la hauteur de cinquante à soixante pieds, sont très-longues, très-larges et très-épaisses. On les emploie sèches et tressées pour couvrir les maisons ; elles résistent, pendant plusieurs années, à l'action de l'air et de la pluie ; avec leurs filaments les plus déliés on fabrique de très-belles nattes, qui forment dans les Indes un commerce très-étendu. Les habitants du pays écrivent sur les feuilles comme sur du papier et du parchemin ; on leur donne aussi la forme de plats et d'assiettes, et, après les avoir bien séchées, on s'en sert en guise de vaisselle. Lorsqu'on coupe l'extrémité des spathes** encore jeunes, il en sort avec abondance une liqueur blanche, douce, vineuse et sucrée, d'un goût très-agréable. Gardée pendant quelques heures, elle devient plus piquante et

---

* L'arbre dont parle ici l'auteur paraît être l'*excæcaria agallocha* de Linnée, petit arbre tortu et noueux qui appartient à la famille des *euphorbiacées.* Son bois répand un parfum délicieux ; les parties noueuses, surtout celles qui sont voisines de la racine, sont remplies d'une matière onctueuse et très-inflammable, qui, râpée sur des charbons ardents, exhale une odeur de benjoin très-agréable. (Note de l'éditeur.)

** Le spathe est un involucre qui enveloppe la fleur dans sa totalité, comme dans le narcisse, etc. (Note de l'éditeur.)

plus agréable ; en moins d'un jour elle se convertit en un excellent vinaigre ; on en fabrique également de bonne eau-de-vie ; bouillie avec un peu de chaux vive, elle acquiert la solidité du sucre. Les fruits se nomment *cocos*. On tire de ces cocos, lorsqu'ils ne sont pas encore mûrs, jusqu'à trois ou quatre livres d'une eau claire, odorante, fort agréable au goût. On en retire aussi une huile analogue à celle d'amandes douces, la seule dont on fasse, dit-on, usage dans les Indes. Quand ces fruits sont à moitié de leur grosseur, on les nomme *cocos au lait;* leur substance ressemble alors à une crème un peu épaisse ; en y ajoutant un peu de sucre et de fleur d'orange, on en fait un mets très-délicat. On polit la coque ligneuse et on la travaille pour différents usages, et avec l'écorce extérieure du fruit, garnie de filaments et d'une sorte de bourre, on fait des câbles et des cordages pour les vaisseaux, etc.

La comtesse. J'avoue que voilà des arbres bien estimables. Heureux surtout qui peut avoir un aloès! mais l'histoire porte qu'on n'en voit pas beaucoup. Au reste, mettez tous les aloès ensemble et joignez-y tous les cocotiers des Indes dont on dit encore tant de merveilles, tout cela n'est point comparable à notre chanvre, parce que ces grands arbres sont longtemps à venir, ne croissent pas dans toutes sortes de terrains, et qu'on ne les met en œuvre qu'en les détruisant; au lieu que le chanvre vient partout; et, comme il se sème et se recueille tous les ans, il n'est pas seulement estimable par ses excellentes propriétés, mais encore par cette abondance que rien ne peut égaler, et qui en fait les délices des riches et la plus sûre ressource des pauvres.

Le prieur. Avouons-le de bonne grâce; Madame, en choisissant la plante qui attire le moins les yeux et la curiosité, a pris celle qui, après le blé, procure le plus de commodités et d'avantages réels à la société.

La comtesse. Pour quelle plante vous déclarez-vous, M. le chevalier? Domestique, étrangère, comme vous voudrez. Vous autres philosophes, vous êtes de tous pays.

Le chevalier. Je serais pour la plante qui donne le sucre.

La comtesse. Vous avez bien raison. Cette plante, qui nous manque, fait la richesse des pays où on la trouve, et fournit mille commodités à ceux où on la porte.

Le chevalier. Mais je voudrais savoir comment la plante est faite, et de quelle manière on en tire le sucre.

La comtesse. Je vous avoue tout naturellement que je n'en sais rien. Demandez cela à nos Américains, ils vous en diront des nouvelles.

Le prieur. La *cannamelle* ou *canne à sucre* est une plante de la famille des roseaux, dont les tiges, épaisses d'un à trois pouces, hautes de huit à dix pieds et plus, sont élégamment divisées par nœuds assez rapprochés, ornés de larges feuilles traversées dans leur milieu par de grosses nervures blanches. Ces tiges se prolongent à leur extrémité en une longue flèche très-lisse, qui soutient une belle panicule longue de deux pieds, dont les nombreuses ramifications sont chargées de petites fleurs soyeuses et blanchâtres. Sous ces dehors brillants, cette plante renferme dans ses chaumes une liqueur mielleuse, que l'homme est parvenu à convertir, par la cristallisation, en un sel concret qui flatte tellement le palais, qu'il est devenu, sous le nom de *sucre*, d'un usage général chez toutes les nations civilisées.

On coupe les tiges près de la racine lorsqu'elles sont mûres, c'est-à-dire lorsqu'elles ont environ dix-huit mois; on les dépouille de leurs feuilles et on en fait des fagots, puis on les transporte au moulin, où elles sont pressées entre des cylindres. Les cannes ainsi pressées répandent une liqueur douce et visqueuse appelée *miel de canne*, qui coule successivement dans cinq chaudières différentes, où elle acquiert par la cuisson une consistance de sirop. On écume continuellement, et l'on jette de temps en temps dans la liqueur de l'eau de chaux ou de la lessive alcaline, pour faciliter la clarification et faire monter l'écume.

La liqueur étant suffisamment cuite, on la verse

toute chaude dans des moules de terre qui ont la forme de cônes, ouverts par les deux bouts, et dont le petit trou, qui est à la pointe, est bouché avec un tampon, soit d'étoupes, soit de paille; on laisse ce trou bouché pendant dix-huit ou vingt-quatre heures, temps suffisant pour refroidir le sucre et pour le faire cristalliser; on tire ensuite le bouchon qui est au bas du moule, afin de laisser écouler le sirop. Le sucre qui résulte de cette manipulation est ce qu'on appelle *sucre brut*.

Pour purifier ce sucre, on couvre la surface supérieure du moule d'une couche de terre argileuse, épaisse de deux ou trois doigts. L'eau, qui découle peu à peu de cette couche de terre et qui passe au travers de la masse du sucre, en lave les petits grains et les purifie de la liqueur mielleuse et grasse qu'elle entraîne avec elle. On fait ensuite sécher le sucre au soleil ou dans une étuve, et on le retire du moule. A ce degré de purification, on le nomme *cassonnade*. Celle-ci, purifiée elle-même par les moyens ci-dessus, ou par les blancs d'œufs, ou par le sang de bœuf, donne le sucre raffiné le plus pur, le plus blanc et le plus brillant.

Voilà l'origine et la préparation du sucre, qui est à bien des égards supérieur au miel, que les anciens estimaient tant. Nous ne sommes plus en peine des accidents qui peuvent empêcher la réussite du travail des abeilles : c'est tous les ans que de vastes régions et des îles entières au cœur de la zone torride se couvrent d'une moisson de cannes d'où l'on tire ce sirop et ensuite ce sel délicat dont on fait un usage si étendu, soit pour conserver ce qui n'est pas de garde, soit pour assaisonner ce qui serait ou insipide sans ce se-cours, ou trop piquant avec notre sel commun, ou incommode par son amertume naturelle.

LE CHEVALIER. Vous me surprenez beaucoup de trouver du sel dans une plante.

LE PRIEUR. Toutes les plantes et même tous les corps ont leurs sels. Quand les chimistes décom-posent un corps, ils trouvent toujours plus ou moins de sel dans ce qui reste après l'opération.

LA COMTESSE. De grâce, remettons les sels et la chimie à l'année prochaine, et n'entreprenons pas même d'entrer dans le détail des plantes, il n'a point de fin. Nous pourrons un jour parcourir les plantes médicinales, les plantes aromatiques, celles qui sont propres à faire des boissons, etc. ; employons les moments qui nous restent aujour-d'hui à effleurer seulement celles dont on parle le plus souvent, et dont il est le plus à propos d'avoir quelque connaissance. D'où viennent, je vous prie, ces boissons ou ces infusions et ces pâtes qui sont devenues si fort à la mode, le thé, le café, le chocolat?

LE COMTE. L'arbre à thé est originaire des con-trées orientales de l'Asie; il croît naturellement en Chine, au Japon et dans d'autres pays voisins, où il est aussi l'objet d'une culture extrêmement soignée. Tantôt on le plante sur la bordure des champs; plus souvent on en forme des espèces de quinconces sur le penchant des coteaux. Ce n'est guère qu'au bout de trois à quatre ans que l'on commence à recueillir les feuilles sur les jeunes pieds de thé, et cette récolte cesse lorsque ces arbrisseaux ont atteint huit à dix ans. C'est un arbrisseau qui peut acquérir, lorsqu'il est abandonné à lui-même, une hauteur de vingt-cinq à trente pieds; mais qui, dans l'état de culture, en dépasse rarement cinq à six.

En Chine et au Japon, la récolte du thé a lieu deux fois dans l'année : au printemps et vers le mois de septembre; les feuilles de la première cueillette forment un thé plus fin et plus estimé. Voici le mode de préparation qu'on leur fait subir.

On plonge ces feuilles dans l'eau bouillante, et on les y laisse seulement pendant une demi-minute; on les retire, on les égoutte, on les jette sur des poêles de fer grandes et plates, qui sont placées au-dessus d'un fourneau. Ces espèces de poêles doivent être assez chaudes pour que la main de l'ouvrier en endure la chaleur avec peine. Les feuilles doivent être continuellement remuées. Lorsqu'on juge qu'elles ont été assez chauffées, on les enlève pour les étendre sur de grandes tables recouvertes de nattes. D'autres s'occupent alors de les rouler avec la paume de la main, tandis qu'un ouvrier cherche à les refroidir en agitant l'air avec de grands éventails. Cette opération doit être continuée jusqu'à ce que les feuilles soient complétement refroidies sous la main de celui qui les roule.

Ce premier travail a pour objet de blanchir les feuilles et de les priver du suc âcre et vireux qu'elles contiennent. Cette opération du grillage sur les plaques de fer doit être répétée deux ou trois fois, en ayant soin de les chauffer de moins en moins et de rouler les feuilles avec plus de soin. Pour quelques espèces de thés fort estimées, chaque feuille doit être roulée isolément. Lorsque le thé, ainsi préparé, a été parfaitement séché, avant de le renfermer dans des boîtes ou des caisses, on l'aromatise avec différentes plantes odoriférantes.

Le *caféier* est un arbrisseau qui, en tout temps, est orné de son feuillage vert et luisant. Il élève sa tige à une hauteur de quinze à vingt pieds. Les fleurs sont blanches, réunies en grand nombre à l'aisselle des feuilles supérieures ; elles sont à peu près de la grandeur de celles du jasmin d'Espagne, et répandent comme elles une odeur extrêmement suave. Le fruit ressemble à une cerise pour la grosseur et pour la couleur, et renferme deux graines aplaties et colées l'une contre l'autre.

Le caféier est originaire de la Haute-Ethiopie,

d'où il a été transporté dans l'Arabie vers la fin du quinzième siècle. Au commencement du siècle dernier, un consul de France en envoya un individu à Louis XIV. Placé au jardin du roi, ce caféier y prospéra et ne tarda pas à se charger de fruits qui servirent à le multiplier. A cette époque, l'usage du café étant devenu plus général et son commerce plus important, les Français essayèrent d'acclimater l'arbre qui le produit dans leurs possessions des Antilles. Un bâtiment fut chargé d'en transporter trois pieds à la Martinique. Pendant la traversée, qui fut longue et dangereuse, deux périrent en route, et le troisième ne dut sa conservation qu'aux soins et aux privations du capitaine, qui pendant longtemps partagea sa ration d'eau avec le jeune caféier. Ce fut ce seul individu qui, peu d'années après, devint la souche de toutes les plantations qui s'établirent à la Martinique et dans les autres Antilles françaises. Peu de temps après, cet arbrisseau précieux fut également introduit à Cayenne et à l'île Bourbon, en sorte qu'aujourd'hui la majeure partie du café qui se consomme en Europe est tirée des Antilles; cependant celui de Moka (Arabie) est toujours le plus estimé et celui dont le prix est le plus élevé.

Le cacaoyer peut s'élever à trente ou quarante pieds; son tronc, dont le bois est tendre et léger, se divise en un grand nombre de ramifications grêles et allongées. Les fleurs sont rougeâtres et réunies en petits faisceaux; quelques-uns de ces groupes ou faisceaux de fleurs naissent sur le tronc et les grosses branches, et, chose singulière, ce sont les seuls dont les fleurs soient fécondes et donnent des fruits, tandis que toutes les fleurs qui se développent sur les jeunes rameaux sont stériles. Le fruit est ovoïde, allongé, quelquefois mamelonné à son sommet, marqué de six sillons longitudinaux, ayant sa surface inégale et raboteuse, tantôt jaune, tantôt rouge, suivant les variétés.

Cet arbre est originaire du Nouveau-Monde, où il croît spontanément au Mexique et dans d'autres parties de l'Amérique méridionale. Lorsque les fruits du cacaoyer sont parvenus à leur parfaite maturité, on les brise pour en retirer les graines. Avant de les verser dans le commerce, on leur fait subir l'un des deux modes de préparation que nous allons indiquer. Tantôt on les dépouille de la pulpe qui les recouvre, et on les fait simplement sécher en les exposant au soleil pendant un temps plus ou moins long; tantôt on les enfouit en terre, et on les y laisse jusqu'à ce que la fermentation en ait détaché la partie pulpeuse.

Pour préparer le chocolat on torréfie ces graines dans des poêles de fer ou des cylindres nommés *brûloirs*, puis on les pile dans un mortier de fer que l'on a préalablement chauffé; après en avoir fait une pâte grossière, on y mélange une égale quantité de sucre en poudre et on broie de nouveau la pâte sur des pierres de liais, au moyen de cylindres de fer, on coule ensuite cette pâte dans des moules; ainsi préparé, le chocolat porte le nom de *chocolat de santé;* mais généralement on y ajoute quelques aromates, tels que la vanille, la cannelle, etc.

LA COMTESSE. Je vous conseille, Messieurs, de vous en tenir là pour aujourd'hui; mais pour mettre M. le chevalier en état d'en apprendre beaucoup plus que vous ne pourriez lui en dire dans le peu de temps qui nous reste à demeurer ensemble, je lui donnerai un bon avis : c'est, lorsqu'il sera de retour à Paris, d'aller de temps en temps faire sa cour à Messieurs du jardin royal; ses yeux et ses oreilles y trouveront toujours de quoi l'intéresser. De toutes les occupations il n'y en a point de plus simple, de plus naturelle à l'homme, ni de plus amusante que la culture des plantes. Pour moi, j'y ai tellement pris goût, que je ne laisse passer aucun jour sans faire ici la ronde de mes parterres et de mon potager. J'y découvre tous les jours quelque agréable nouveauté. L'esprit et le corps trouvent également leur compte à cet exercice, et, pour en inspirer l'inclination au chevalier, il faut lui faire remarquer que la culture des plantes n'est pas moins noble qu'agréable. Elle a toujours eu des charmes pour les rois comme pour les gens du commun, et c'est à présent une chose fort ordinaire en Angleterre, en Allemagne et en France, de voir les plus grands seigneurs s'appliquer au jardinage, à l'agriculture, et au moyen de perfectionner l'un et l'autre.

LE PRIEUR. Ce goût fait honneur à notre siècle. On voit par là que nous ne méprisons pas toujours ce qui est solide et que nous pouvons être raisonnables même dans nos plaisirs; mais je voudrais que la culture des plantes fût comme la vraie piété, affranchie de tout vain scrupule et débarrassée de toute pratique superstitieuse. On est encore aussi entêté que jamais des influences de la lune sur l'agriculture et sur le jardinage. On observe encore avec régularité de ne point semer, de ne point planter ou tailler dans le déclin de la lune. On étudie certains jours pour cela, et la connaissance de ces pratiques inquiètes est souvent toute la science de certains jardiniers charlatans. Cependant la fausseté de toutes leurs prétendues règles se manifeste tous les jours par mille expériences; mais, quand une plante réussit bien, ils se félicitent d'avoir choisi, pour la planter, le temps de la lune marqué par leur agenda; et, quand la même plante semée ou plantée par leur voisin dans un temps tout différent réussit mieux que la leur, ils s'en prennent à la terre, à l'air et aux vents : ils ont raison, mais ils n'en conservent pas moins leur respect idolâtre pour la lune.

LE COMTE. Vous réparez le scandale que vous m'avez causé il n'y a qu'un moment en me parlant de vos lunes peu favorables aux biens de la terre.

LE PRIEUR. Je suivais le langage usité, mais j'y

attachais des idées bien différentes. Comme la durée des vents, qui ont tant de puissance sur la terre et même sur nos corps, se mesure commodément par la durée des phases de la lune, et qu'on dit : Le premier quartier a été pluvieux, le second quartier a été chaud, il arrive de là qu'on prête à la lune ce qui ne vient réellement que des influences de l'atmosphère et de la température.

LE COMTE. C'est précisément la même remarque qu'on me fit voir dernièrement dans une lettre de de M. Le Normand, qui est chargé de la direction des jardins fruitiers et potagers du roi. Elle portait en termes exprès, et le souvenir m'en est fort présent : « Que d'un très-grand nombre d'expériences « faites très-exactement et en différentes années « sur chacune des opérations du jardinage, il n'en « avait trouvé aucune qui favorisât l'asservisse- « ment de nos pères aux différents aspects de la « lune. » L'autorité d'un homme qui réunit un grand discernement à une longue expérience fait plus d'impression sur moi que les discours de cent autres prétendus connaisseurs. C'était aussi le sentiment de M. de La Quintinie, son prédécesseur, qu'il n'y avait rien de plus frivole que de s'amuser à observer le jour de la lune quand on veut planter ou tailler, qu'il faut à la vérité faire chaque chose dans sa saison, choisir le plus qu'on peut un temps favorable et attendre ensuite le succès, non du jour qu'on a choisi, mais de l'action du soleil et de l'atmosphère.

ONZIÈME ENTRETIEN.

Les fleurs.

❧

LE CHEVALIER. Je n'ai pas perdu au change en remettant au mois de mai le voyage que je devais faire ici en septembre : j'y trouve tout embelli.

LA COMTESSE. Grâce au printemps et au retour des fleurs.

LE CHEVALIER. Celles qui bordent le parterre forment un coup d'œil ravissant , mais je ne les ai encore vues que de dessus le balcon.

LA COMTESSE. Nous pouvons descendre et les voir de près ; M. le prieur, dites-moi, je vous prie, d'où vient qu'à l'ouverture d'un jardin fleuri chacun ressent une joie subite, et pourquoi, sans avoir aucune pensée distincte, on goûte dans ce moment une satisfaction que l'on n'éprouve pas ailleurs. Je n'en dois, ce me semble, chercher la cause que dans les riches couleurs qui viennent frapper nos yeux. Ce n'est pas sans dessein que les fleurs ont été si magnifiquement parées.

LE PRIEUR. Qu'en pensez-vous, M. le chevalier?

LE CHEVALIER. Jamais, je vous l'avoue, il ne m'était venu en pensée de chercher du dessein dans les fleurs; mais, à en juger par le plaisir qu'elles me font, elles sont faites pour nous réjouir.

LA COMTESSE. Cette pensée est flatteuse, mais ne serait-elle que flatteuse, et faut-il la prendre pour une illusion de l'amour-propre?

LE PRIEUR. Je suis bien éloigné de le croire. Tout est lié dans la nature, et, quoique chaque chose y ait sa fin particulière ou sa correspondance avec quelque autre, nous les voyons toutes se rapporter à l'homme en dernier lieu. Elles se réunissent en lui comme dans leur centre : il est la fin de tout, puisqu'il est ici le seul qui fasse usage de tout. C'est pour lui que le soleil se lève; c'est pour lui que les étoiles brillent; et si les corps les plus éloignés de lui le servent si régulièrement, à plus forte raison ce qui a été placé auprès de lui est-il destiné pour son usage.

LA COMTESSE. Les fleurs en particulier sont visiblement faites pour lui plaire ; elles n'ont même de l'agrément que pour lui. Ses yeux sont les seuls qui en jouissent. Les animaux ne paraissent goûter aucun plaisir à la vue des fleurs ; ils ne s'y arrêtent jamais ; ils les confondent avec l'herbe commune; ils foulent aux pieds les plus belles, et n'ont pour cet ornement de la terre que la plus parfaite indifférence. L'homme au contraire, parmi cette foule d'objets et de richesses qui l'environnent, démêle et recherche les fleurs avec une complaisance singulière.

LE PRIEUR. Aussi y a-t-il entre elles et nos yeux une agréable sympathie, un attrait puissant qui nous invite à nous en approcher. Si nous en cueillons quelques-unes, nous leur reconnaîtrons de nouvelles perfections à mesure que nous les considèrerons de près. La plupart d'entre elles ne se bornent pas à contenter notre vue par la beauté de leurs arrangements et de leurs couleurs, elles s'emparent doucement de notre odorat par un parfum exquis, et, après qu'elles ont rassasié nos sens d'une satisfaction innocente, l'esprit y découvre encore des merveilles qui le ravissent.

Si je veux suivre cette fleur dans sa naissance, dans ses développements et dans ses produits, je trouve qu'elle a coutume de paraître dans l'endroit où la graine se montrera, et que partout où la fleur manque il n'y a point de graines à espérer. Les arbres des forêts, les arbres fruitiers, les légumes et les herbes des champs se couvrent tous les ans de fleurs plus ou moins éclatantes , pour étaler ensuite un fruit ou une graine , qui communément ne manque à se former que quand la fleur elle-même n'a pu s'épanouir ou être suffisamment conservée. Je cherche le rapport qu'il y a de la fleur à la graine , et , en examinant de près la structure de chaque fleur , j'y trouve toujours un ou plusieurs étuis destinés à loger ces graines. J'y aperçois des étamines qui soutiennent, aux environs de cet étui , plusieurs paquets de poussière qui y tombe de toutes parts. Le tout est environné d'un calice ou d'un manteau qui s'ouvre et se ferme avec une sorte de précaution , selon la disposition de l'atmosphère. Tous ces rapports me parlent et m'instruisent. Je ne puis douter enfin que ces pièces disposées avec tant d'artifice et de régularité , et qui se séchent autour de l'étui quand la graine y est formée, ne contribuent à la génération de cette graine. Je découvre ainsi la première destination des fleurs. Dieu, en accordant à l'homme la verdure de la terre , a perpétué son présent pour tous les siècles par la commission qu'il a donnée aux fleurs de renouveler chaque plante d'année en année, en y rendant la graine féconde.

LE CHEVALIER. Voilà une fonction bien noble; mais, si elles sont faites pour rendre la graine féconde, pourra-t-on dire encore qu'elles sont faites pour notre plaisir ?

LE PRIEUR. Cette importante et première destination de procurer l'immortalité aux plantes n'en empêche pas une seconde qui est de récréer la vue de l'homme. Dieu a voulu, en créant les fleurs, joindre les délices à l'utilité. S'il ne les eût destinées toutes qu'à fournir à chaque plante un germe reproductif, il ne les aurait pas relevées la plupart par des formes si gracieuses et par des couleurs si brillantes. Il en eût été comme des racines qui, étant destinées à servir la plante dans l'obscurité, n'ont été pourvues d'aucune parure ; au lieu que la main qui a formé les fleurs semble avoir pris plaisir à les découper et à les peindre la plupart de la manière la plus propre à réjouir la vue de l'homme et à décorer son séjour.

LA COMTESSE. Nous pouvons aujourd'hui nous occuper moins de cette admirable structure des fleurs qui produit des effets si utiles. Arrêtons-nous plus particulièrement au plaisir qu'elles sont chargées de nous procurer.

Il y a d'abord un très-grand nombre de fleurs qui ne paraissent avoir d'autre emploi sur la terre que de présenter à l'homme un bouquet, et tandis que les autres lui préparent un fruit, dont il fera usage après la fleur, celles-là ne lui sont rien moins qu'indifférentes, quoiqu'il ne leur connaisse d'autre mérite que celui de plaire ; mais elles se présentent à lui les unes et les autres avec un si grand air de bienséance et de propreté, qu'il est aisé de voir qu'elles viennent toutes lui faire leur cour.

LE PRIEUR. A peine pourrait-on croire jusqu'où a été portée l'attention de réjouir l'homme par la beauté et par la multitude des fleurs. La multitude en tient du prodige : on croirait qu'elles ont reçu ordre de naître sous ses pas : nulle partie dans la nature qui ne lui en offre tour à tour; elles naissent au haut des arbres et sur l'herbe qui rampe; elles embellissent les vallées et les montagnes; les prairies en sont émaillées; il les cueille au bord des bois et jusque dans les déserts : la terre est un jardin qui en est tout couvert; et, afin que l'homme ne soit point privé de cette vue délicieuse lorsqu'il se renferme dans les bornes étroites de sa demeure, elles semblent vouloir la lui rendre plus aimable en se réunissant dans son parterre et en s'y plaisant plus qu'ailleurs.

LA COMTESSE. Ne dirait-on pas que les plus belles au moins, séparées du vulgaire des fleurs, pour former une ambassade brillante, viennent rendre hommage à leur seigneur et saluer par députés le roi de la nature?

LE PRIEUR. Il est exactement vrai que la beauté des fleurs ne tend qu'à inspirer la joie, et que les plus belles, après bien des épreuves, ne se sont trouvées propres qu'à repaître nos yeux. Aussi la vue en est-elle si touchante et le pouvoir si sûr, que la plupart des arts qui veulent plaire ne croient jamais mieux réussir qu'en empruntant leur secours. La sculpture les imite dans ses ornements les plus légers; l'architecture embellit souvent de feuillages et de festons les colonnes et les faces trop nues de ses édifices; les plus riches broderies ne sont guère que des feuillages et des fleurs; les plus magnifiques étoffes en sont toutes parsemées, et on les trouve belles à proportion qu'elles approchent de la vivacité des fleurs naturelles.

Celles-ci ont été de tout temps le symbole ou la marque de la joie : elles étaient autrefois la parure inséparable des festins, et elles se montrent encore avec applaudissement sur la fin de nos repas, lorsqu'elles viennent, avec le fruit, ranimer la fête qui commence à languir. Elles sont tellement faites pour les réjouissances, qu'on les trouve incompatibles avec le deuil. La bienséance, instruite par la nature, les écarte de tous les lieux où règnent la douleur et les larmes.

La comtesse. Au contraire, les fêtes de la campagne ne se passent point sans guirlandes. Les fêtes des personnes polies commencent par une fleur : si l'hiver la refuse, l'art sait la contrefaire. Une jeune épouse, magnifiquement parée au jour de ses noces, croirait qu'il manque une partie nécessaire à sa parure si elle n'y ajoutait un bouquet. Une reine même, dans les plus grandes solennités, quoique chargée des pierreries de la couronne, ne dédaigne pas cet ornement champêtre.

La grandeur et la majesté ne lui suffisent point, elle aime à y joindre, par le moyen des fleurs, un air de douceur et de gaieté.

Le prieur. La religion elle-même, quoique si recueillie, si simple, si ennemie d'un appareil théâtral, qui serait plus propre à dissiper le cœur qu'à l'occuper des saints mystères ou de ses propres besoins, ne laisse pas, dans certains jours de fête, de permettre l'usage des rameaux, des bouquets et des chapeaux de fleurs.

Le chevalier. Il n'y a personne qui ne soit touché de la beauté des fleurs : c'est bien dommage que nous les perdions si vite.

La comtesse. Il est vrai que l'on pourrait dire de chaque fleur en particulier ce qu'on a dit d'une autre beauté :

> . . . . Les plus belles choses
> Ont le pire destin :
> . . . . Elle a vécu ce que vivent les roses,
> L'espace d'un matin.

MALHERBE.

Mais la plupart des fleurs étant chargées de parer la demeure de l'homme, au moins pour un temps, elles se gardent bien de s'y montrer toutes de compagnie, ni dans une même saison : elles sont de service auprès de lui tour à tour; elles conviennent entre elles pour embellir les différentes saisons, et se succèdent sans laisser aucun vide;

rarement se plaint-on de leur absence quand elles sont de quartier.

LE PRIEUR. Les fleurs, par cette succession, nous donnent une magnifique fête composée de décorations qui se suivent dans un ordre réglé. Les hépatiques, les primevères, les violettes, les jacinthes, les oreilles d'ours, les crocus printaniers, les narcisses, les anémones nous donnent, pour ainsi dire, le premier acte.

Celles-là disparaissent pour la plupart pour faire place aux couronnes impériales, aux fritilaires, aux narcisses à bouquet, au muguet, aux lilas, aux iris, aux tulipes, aux jonquilles, aux renoncules et à toutes les fleurs qui couronnent à présent ce parterre. Dans le lointain, les arbres fruitiers mélangent les couleurs les plus tendres avec la verdure naissante, et relèvent de toutes parts la garniture du parterre.

Vous voyez en même temps monter le feuillage des rosiers, des lis, des cyclamens, des juliennes, des giroflées, des boutons d'or, des thlaspis, des pavots et des œillets; leurs tiges et leurs boutons se fortifient par des accroissements insensibles : c'est là que se font les préparatifs des parures de l'été.

L'automne ensuite étalera les pyramidales, les balsamines, les soleils, les passe-velours, les tubéreuses, les amarantes, les œillets d'Inde, les colchiques, les pensées et cent autres espèces. La fête continue sans interruption ; celui qui y préside offre toujours du nouveau, et il prévient par d'agréables changements les dégoûts inséparables de l'uniformité.

L'hiver, ramenant les frimas et les brouillards, baisse enfin son noir rideau sur la nature et nous en dérobe le spectacle ; mais, en nous faisant souhaiter le retour de la verdure et des fleurs, il procure quelque repos à la terre épuisée par tant de productions.

LA COMTESSE. Nous sommes si sensibles à la beauté des fleurs, que nous avons appris à nous les donner malgré l'hiver. Nous sauvons les débris de l'automne, et nous parvenons souvent à faire éclore des fleurs printanières sans attendre le retour des zéphyrs, toujours trop lents à revenir. Les tubéreuses, les immortelles, les géraniums et d'autres fleurs bien gouvernées peuvent ne paraître que fort tard : on les fait durer avec le sédum jusqu'à ce que le laurier-thym fleurisse dans nos appartements à l'abri de la bise. Les anémones et les violettes, aidées en terre de la moindre chaleur ; les jacintes, les narcisses et les tulipes, mises à un air chaud et dans un peu d'eau qu'on renouvelle tous les jours, couronnent nos cheminées dans les mois les plus tristes. Nous rapprochons ainsi l'automne et le printemps : ils semblent se donner la main.

LE PRIEUR. Ce n'est pas seulement d'une saison

à l'autre que les fleurs se diversifient : celles mêmes qui paraissent ensemble dans chaque saison ont une variété de formes qui démontre et l'invention inépuisable de l'ouvrier, et l'intention qu'il a eue de multiplier les embellissements de notre demeure. Il est impossible de nombrer les différents plans sur lesquels toutes les espèces de fleurs ont été faites, sans qu'aucun de ces plans soit la répétition ou la copie d'un autre. Tout est original et particulier à chaque espèce ; elles diffèrent entre elles par la découpure des pétales *, par la légèreté des dentelles ou des franges qui les bordent, par la disposition des étamines qui accompagnent le cœur, par la structure du calice qui réunit toutes ces pièces, par la taille des tiges qui les soutiennent, par la forme du feuillage vert qui les environne, surtout enfin par les couleurs et par les attitudes qui leur sont propres. Arrêtons-nous un moment à l'impression que fait sur nous l'assemblage de tant de riches couleurs.

Je ne sais à quoi les fleurs gagnent le plus, ou à être vues ensemble, ou à être considérées séparément. Ensemble, elles forment un assortiment où tout est d'accord ; rien n'y paraît rude, mal placé ou tranchant **. Il résulte du concours

* Les feuilles qui composent la fleur ou la corolle.

** On appelle couleurs tranchantes celles qui sont tout à fait opposées et dont l'union est dure : telle est l'assemblage du noir et du blanc, du rouge et du jaune.

de toutes ces couleurs une sorte d'harmonie fort variée, dont l'œil est parfaitement satisfait; prises séparément, il n'y en a aucune qui ne se fasse valoir par un agrément qui lui est propre, et qui n'ait, pour ainsi dire, son mérite personnel. Cueillons à l'aventure la première qui nous tombera sous la main; c'est une des dernières anémones panachées; elle m'offre seule ce que j'ai admiré dans le parterre entier. J'y aperçois des couleurs toutes différeutes et des nuances de ces mêmes couleurs qui s'affaiblissent par degrés, se fondent sans rudesse les unes dans les autres, et vont se noyer imperceptiblement dans les teintes voisines La tulipe, au contraire, coupe sa couleur par un panache * nettement distingué ; et l'opposition marquée qu'elle met entre l'un et l'autre relève encore le brillant et la vivacité de tous les deux.

Si la sagesse divine s'est jouée dans la distribution des couleurs dont les fleurs sont parées, quel nouvel agrément n'a-t-elle pas mis dans l'air et la figure qu'elle a donnés à chacune d'elles? Voyez d'un coup d'œil toutes les fleurs qui remplissent les pièces de ce parterre; les unes s'élèvent avec un port plein de dignité et de grandeur; d'autres, sans faste et sans étalage, attirent les yeux par la régularité de leurs traits. Quelle

* Grandes raies qui traversent les pétales de la tulipe.

noblesse se fait sentir dans le maintien de ces tulipes! quelle élégance et quelle symétrie dans les pyramides sur lesquelles paraîtront bientôt les lis! Au pied de ces fleurs majestueuses j'aperçois une pensée; celle-ci ne s'annonce point, on croirait qu'elle a peur de paraître; de loin elle promet peu, de près elle nous réjouit par une douce odeur et par des grâces singulières.

La comtesse. Vous me faites plaisir de l'avoir démêlée dans son obscurité. C'est ma fleur favorite; non-seulement parce qu'elle est de toutes les saisons et toujours prête à remplacer les autres fleurs qui nous manquent, mais parce que rien n'égale la finesse de son étoffe, ni le vermeil de sa pourpre. Le plus beau velours rapproché de celui-ci n'est plus qu'un tissu grossier : c'est un sac ou un cilice.

Le chevalier. Il est vrai que nos étoffes ne sont ni aussi douces, ni aussi brillantes que les fleurs; mais elles ont un avantage que les fleurs n'ont point : elles changent, on en invente de nouvelles; au lieu que les fleurs sont toujours les mêmes. Il y a tant de plaisir à changer!

La comtesse. C'est un plaisir que nous avons grand soin de nous donner dans tout ce que nous faisons. Habits, meubles, musique, langage, façon de bâtir, toutes nos inventions sont dans un mouvement perpétuel; on ne s'y fixe à rien, une mode en chasse une autre, et nos plus beaux ou-

vrages ne sont sûrs de plaire ni dans cent ans, ni
à cent lieues d'ici ; nous tournons et retournons les
mêmes choses en cent façons ; enfin, après bien
des réformes, nous nous trouvons aussi incertains
et aussi peu avancés que le premier jour. Il en est
bien autrement de l'habillement des fleurs : l'étoffe,
la couleur, la taille, tout en est toujours le même,
à quelques nuances près, qui peuvent varier dans
un petit nombre, et tout en plaît toujours ; on
n'est tenté ni d'y ajouter, ni d'y retrancher : ce
serait tout perdre, et le modèle en est si beau
qu'on ne s'avise pas même d'y rien souhaiter de
plus. Les roses n'ont point changé depuis le commencement du monde, et depuis le commencement du monde les roses ont toujours plu.

Le prieur. Voilà donc des beautés qui, sans
apprêts, sans recherches et avec une extrême
simplicité, ont atteint à la perfection et sont
fixées au vrai.

La comtesse. D'où peut naître la vraie différence de la beauté si constante des productions
naturelles, d'avec la beauté si changeante et si
passagère des productions humaines ?

Le prieur. Il ne faut pas être surpris si les
hommes sont bornés, stériles et peu arrêtés dans
leurs inventions ; ils ne vont qu'à tâtons dans la
découverte du beau. Cette matière qu'ils taillent
en mille et mille façons pour se faire des maisons, des meubles et des habits, n'est pas leur

ouvrage; ils n'en connaissent pas même le fond : elle les contredit souvent, elle se détruit , ou plutôt se dérange dans leurs mains; ils cherchent à la remettre en œuvre d'une façon qui leur promette plus de succès; mais la forme qu'ils lui rendent fait naître de nouveaux inconvénients et de nouveaux dégoûts.

On voit tout le contraire dans les ouvrages de Dieu. Tout ce qu'il a fait a une beauté déterminée et persévérante; sa volonté fait la règle du beau; ce qu'il a fait une fois ne change plus et plaît toujours; on sent qu'il est le maître de la nature et qu'il la tourne à son gré. Cette matière souple et prompte à exécuter ses ordres prend toutes les formes qu'il souhaite, et produit à coup sûr les effets qu'il a voulu; il y imprime, selon son bon plaisir, les caractères les plus marqués et les plus opposés; il met sur la face du lion, du tigre et du léopard un assemblage de traits fiers, de linéaments terribles, qui portent l'épouvante dans les âmes les plus fermes. Mais , quand cette main savante tire de la même matière les fleurs qu'il destine à réjouir notre vue, il les taille d'une autre façon , il leur donne une forme élégante et légère, il y répand la douceur et les attraits, il y peint des caractères aimables, dont la seule vue inspire la joie, et, au lieu qu'il relègue bien loin de l'homme les figures effrayantes en les chassant dans les bois et dans les déserts, il verse au contraire à pleines mains la verdure et les fleurs dans nos campagnes, dans nos prairies, dans nos jardins et tout autour de nous. L'homme se voit ainsi environné d'objets qui ne se montrent à lui que pour le consoler dans son travail, en lui offrant partout des plaisirs qui l'amusent sans le corrompre.

LA COMTESSE. Les fleurs sont indubitablement destinées à parer la terre par leurs brillantes couleurs, et la plupart même, pour rendre la fête plus belle, répandent de toutes parts une odeur dont l'air se trouve parfumé. Il semble de plus qu'elles prennent à tâche de conserver particulièrement cette odeur pour le soir et pour le matin, où la promenade est plus agréable, au lieu qu'elles ont assez peu d'odeur durant la chaleur du jour, lorsque nous les visitons le moins. Les fleurs ont-elles de l'intelligence pour nous servir si obligeamment?

LE PRIEUR. Il se fait des fleurs une émanation perpétuelle, qui augmente à proportion que le soleil est ardent. Ces esprits, qui sont aromatiques dans bien des fleurs, se dispersent aisément dans un air raréfié par les chaleurs, et alors ils affectent faiblement l'odorat; au lieu qu'ils ne percent qu'avec peine l'air qui est resserré par le retour de la nuit. L'action du soleil qui les détache est trop faible le soir et le matin pour les écarter à une grande distance, et, par leur réunion, ces esprits font sur nous une impression plus forte.

De l'écoulement de ces petites parties hors de la fleur, il se forme autour d'elle un tourbillon qui se disperse, ou se resserre, tantôt plus, tantôt moins, selon l'action du soleil et de l'air.

La comtesse. Il faut que les esprits, qui composent ce que vous appelez le tourbillon d'odeur, soient bien fins et bien légers, puisque la seule lumière du jour suffit pour les dissiper dans certaines fleurs. J'en cultive une qu'on nomme le *géranium triste*, qui n'a point d'odeur durant le jour, et qui en a une exquise durant la nuit.

Le prieur. Tout démontre dans les fleurs une dissipation d'esprits qui s'augmente à proportion que le soleil agit sur elles. Mais, M. le chevalier, ne nous en tenons pas là. Dans l'étude des choses naturelles, la bonne philosophie ne se borne pas à y voir le mécanisme : elle remarque encore le bienfait. On aperçoit aisément la liaison qui se trouve entre le soleil, l'air et les fleurs ; mais y peut-on méconnaître une bonté attentive à faire tourner ces correspondances à l'avantage de l'homme? C'est en tout qu'il a été traité en roi : non-seulement on a parsemé son chemin de fleurs, pour contenter ses yeux, mais on a pris soin d'embaumer et en quelque sorte de purifier l'air qu'il respire, en répandant les plus doux parfums sur son passage : on croirait même que les fleurs s'acquittent de ce devoir avec intelligence, en réservant leurs exhalaisons les plus gracieuses et les plus sensibles pour les moments du soir, où elles voient l'homme venir au milieu d'elles se délasser de son travail.

LA COMTESSE. Elles ne bornent pas leurs services à faire le plaisir de la vue et de l'odorat : les autres sens en peuvent encore tirer avantage. Elles nous donnent des pâtes qui enrichissent nos desserts, des poudres qui parfument nos armoires, des sirops, et même des remèdes qui nous soulagent dans nos maladies. Les violettes, les jonquilles, les fleurs de pêchers, les roses, les jasmins, les œillets, et surtout les fleurs d'orange, nous fournissent des conserves, des confitures, des essences, des eaux distillées, qui nous font jouir des odeurs et des autres bonnes qualités des fleurs, longtemps après qu'elles sont passées.

LE CHEVALIER. J'ai toujours aimé les fleurs, mais j'en avais une idée trop basse. Je les regardais comme de petites productions du hasard, venues çà et là par caprice, et à l'aventure. A présent que je les vois paraître à dessein de me faire plaisir, je les regarde avec admiration et avec reconnaissance.

LA COMTESSE. Rien n'est plus juste. A quoi servent les lumières, quand elles ne sont pas accompagnées de sentiments?

LE PRIEUR. Mon cher chevalier, les fleurs qui nous servent si bien, en immortalisant les plantes et en embellissant la nature, ont encore une fonction plus utile et plus noble.

LE CHEVALIER. Que peuvent-elles faire de plus?

LE PRIEUR. Elles nous instruisent : elles nous conduisent sans effort à la connaissance du premier Être, qui a daigné les tailler, les peindre, et y mettre tant de beauté. Quelle beauté est-il lui-même pour être ainsi la source d'une infinité d'autres, auxquelles il ne cesse de communiquer un éclat qui est encore le même que le jour où elles parurent pour la première fois sur la terre? Et s'il veut bien habiller si magnifiquement des créatures si peu durables qui seront séchées demain et foulées aux pieds, comme l'herbe des champs, que fera-t-il pour nous qui sommes l'objet de sa complaisance? Quelles richesses ne nous prodiguera-t-il pas, quand il remplira les désirs qu'il a lui-même mis en nous, *et lorsqu'il embellira les esprits?*

DE L'HOMME.

Sa prééminence prouvée par les proportions et l'excellence
de son corps.

La prééminence de l'homme s'annonce d'abord
par la dignité même de sa tête et par l'avantage
que lui donne la situation droite de tout son corps.
Il n'y a rien de si beau dans la nature que le
visage de l'homme. Les titres de sa seigneurie ne
paraissent nulle part avec plus d'éclat, quoiqu'ils
se trouvent dans le reste de son corps avec une
égale réalité.

La majesté est sur son front. La plus juste symétrie est observée dans le tour de son visage et dans
l'ordonnance de ses traits. Les arcs formés par ses
sourcils et par ses paupières, en délivrant l'œil de
la sueur et des menus éléments qui pourraient le
ternir, relèvent aussi le blanc de cet œil et en font

mieux apercevoir les mouvements, le brillant et les intentions. On peut dire que les grâces et l'autorité résident sur ses lèvres, puisque d'un simple sourire elles répandent la joie autour de lui, et que, par la variété des sons qu'elles articulent, elles donnent des ordres qui sont exécutés sur-le-champ, ou qui seront portés à de grandes distances et jusqu'au delà des mers.

La tête, ou plutôt l'homme entier, tire un puissant avantage de la posture droite du corps pour l'exercice de son domaine. Tous les animaux sont penchés vers la terre et y rampent. L'homme seul marche la tête haute et se maintient par cette attitude dans toute la liberté de l'action et du commandement.

Cette tête, destinée à régler les mouvements du corps qui la soutient et à veiller sur l'ordonnance de tout ce que la terre produit, ne tire pas seulement avantage de sa situation et de sa dignité. Elle est le siége de l'intelligence. Elle a des sens exquis et tous les organes nécessaires pour recevoir des avis de toutes parts ou pour en distribuer partout. Ses yeux sont en sentinelle dans l'étage le plus élevé et aperçoivent de plus loin. Lorsque les yeux reposent sous leurs paupières, les oreilles demeurent ouvertes et sont averties de tout. Ce que ni l'œil ni l'oreille ne peuvent apprendre à l'homme, c'est souvent l'odorat qui le lui décèle. La langue, avec le discernement des tributs que toute la terre lui paie, jouit du privilége d'appeler par un nom tout ce qui est dans sa demeure, et d'expédier tous les ordres nécessaires pour en faire la régie. Cette tête est visiblement faite pour gouverner, puisqu'elle est la seule qui puisse entretenir des relations avec tout l'univers.

La liberté de gouverner tout et de varier ses actions selon le besoin des circonstances, est le premier secours que l'homme trouve dans la noble position de son corps. Mais la proportion de sa taille avec ce qui l'environne est pour lui une nouvelle source de facilité à se rendre maître de tout. Avec une taille enfantine, il ne pourrait ni consommer les productions de la terre, ni même les exploiter; avec une corpulence gigantesque, il se trouverait dans la disette, et la terre manquerait à ses besoins.

Bien loin de porter envie aux animaux plus légers que lui, ou il les fait courir pour lui, ou l'eau et les vents lui prêtent des ailes qui le transportent autour du globe entier. Il ne souhaite point d'avoir les épaules plus larges pour porter de plus lourds fardeaux; il laisse cette gloire à ses domestiques, tels que le cheval, le bœuf, le chameau, l'éléphant. Il ne se plaindra point de n'avoir pas été pourvu de griffes comme le lion, ni de défenses comme le sanglier. Il sied bien au roi de la nature d'être né désarmé; la douceur et la paix sont ses véritables biens. Mais, s'il a besoin de se défendre, les animaux viennent à son aide ; le bois et la pierre opposent des remparts à ses ennemis ; le nitre, le soufre, le feu, le fer et toute la nature conspirent pour le mettre hors d'insulte.

Il n'a, dans l'exacte vérité, qu'une légèreté médiocre, qu'une vigueur médiocre, qu'une taille médiocre. Cependant, par la liberté de sa figure et par le juste tempérament de ses facultés, il est obéi et servi par tout ce qu'il y a de plus léger, de plus vigoureux et de plus terrible.

Ce que nous venons de remarquer de la structure entière du corps de l'homme et de la juste proportion qui a été mise entre sa taille et le domaine universel qui lui était destiné, nous le pouvons observer de nouveau dans chacun de ses organes.

Le bras et la main contribuent surtout à l'exercice de son pouvoir. Le bras est un instrument universel ; en se roidissant, il fait les fonctions d'un levier ou d'une barre ; en se pliant dans les diverses articulations qui le partagent, il imite le fléau, l'arc et toutes les sortes de ressorts ; en fermant le poing qui le termine, il frappe comme un maillet ; en arrondissant la cavité de sa main, il contient les liqueurs comme une tasse, et les transporte comme ferait une cuiller ; en courbant ou en serrant ses doigts les uns contre les autres, il en fait des crocs, des pinces et des tenailles. Les deux bras, en s'étendant, imitent la balance, et lorsqu'un des deux est raccourci pour soutenir quelque fardeau, l'autre, en s'allongeant aussitôt du côté opposé, fait équilibre et répare comme dans la balance-romaine l'excédant du poids par la longueur du levier.

Mais c'est exténuer le mérite du bras et de la main que d'en comparer les services avec ceux de nos instruments ordinaires. Dans l'exacte vérité, c'est le bras qui est le modèle et l'âme de tous les instruments. Il en est l'âme, car l'excellence de leurs effets provient toujours du bras et de la main qui les dirige ; il en est le modèle, car ils sont tous des imitations ou des extensions de ses différentes propriétés. Ce bras qui, en se roidissant, soulève une pierre ou une pièce de bois, a fait naître l'idée du levier ; le bras s'allonge, pour ainsi dire lui-même, en empoignant ce levier ; sa force peut s'augmenter au centuple et davantage ; alors il met un bloc de marbre sur le côté, ou fait avancer devant lui une pile d'arbres qu'il a renversés. Ce bras qui frappait un coup assez rude et qui, en mettant sa main en masse, avait donné la première idée de tous les marteaux, vient-il à s'aider d'un maillet ou d'une massue, un coup lui suffit pour mettre un bœuf à bas ; il fait tomber les chênes et les précipite du haut des montagnes, d'où il pousse les uns vers sa demeure, les autres au voisinage de sa vigne, ou sur le bord d'une rivière, selon le besoin qu'il a de préparer un toit, un pressoir ou une barque.

La main de l'homme peut transporter le feu et les liqueurs, remuer la terre, saisir le bois, la pierre et tout autre corps; mais elle ne fait toutes ces actions qu'en petit, souvent avec désavantage, et au péril d'être meurtrie ou brûlée. Le sentiment des services qu'elle lui offre et des dangers auxquels il l'expose, lui a fait naître l'idée des suppléments. Les cuillers, les tenailles, les pinces, les pelles, les bêches, les fourches et tous les outils, sont autant de mains qui imitent en grand ce qu'elle fait dans un moindre volume; elle se met hors d'insulte en les présentant à sa place, et ce que sa délicatesse l'empêche d'exécuter par elle-même, elle l'opère avantageusement par la taille ou par la solidité des outils qu'elle gouverne.

Cette main si faible en apparence, cette main qui mollirait ou se déchirerait en frappant immédiatement sur la pierre ou sur les métaux, n'a besoin que de diriger quelques pièces de bois ou de fer pour s'assujettir toutes choses et pour les rendre utiles par une juste correspondance.

Ce bras, qui n'a pas deux coudées de long sur quatre ou cinq pouces de large, opère des miracles quand il est aidé par la vigueur des outils qui le représentent et qui le mettent à couvert. Il semble alors que rien ne le peut arrêter; il brise les rochers et perce les montagnes, il donne un frein aux fleuves et les conduit par des routes nouvelles ; le fer et tous les métaux prennent le pli qu'il leur donne ; il dompte la résistance des pierres et des marbres : il les tourne comme une cire molle, soit qu'il en fasse une arcade pour unir les deux bords d'un large canal, soit qu'il les courbe en escalier pour rendre tout accessible à l'homme dans sa maison, soit qu'il les pose côte à côte et bout à bout, depuis Rome jusqu'à Brindes, pour en faire au milieu des campagnes les plus marécageuses une voie aussi dure que le fer, une route qui sera encore fréquentée après deux mille ans de service*.

Comment la main vient-elle à bout de dégrossir un bloc de marbre et d'en faire sortir une figure noble, une draperie légère, les traits d'un grand homme ? Ce qu'elle ne pouvait exécuter par elle-même, elle l'a fait à l'aide du maillet et du ciseau. Comment a-t-elle osé entreprendre d'élever une cloche de trente mille livres à cent pieds de terre, ou de terminer le vaste fronton de la colonnade du Louvre par une cimaise de deux pierres ? elle a appelé à son secours des leviers, des poulies, des roulettes, des grues, et toutes sortes de machines dans lesquelles une très-petite force l'emporte sur une très-grande. Avec ces secours, la main de l'homme s'assure la victoire sur ce qui lui résiste, et c'est cette espèce de magie qui fait sa gloire en

---

* La voie Appienne.

lui soumettant infailliblement les matières les plus lourdes et les plus intraitables.

La férocité des animaux sauvages, qui servent à peupler toute la nature sans aucun soin de la part de l'homme, n'empêche pas non plus la main de l'homme de les mettre sous le joug et d'en tirer profit quand elle en a besoin. Il est vrai qu'elle est faible : elle ne pourrait tenir contre la dent du tigre ; l'éléphant la romprait d'un coup de trompe, et si elle voulait brider la tête du chameau, elle n'y pourrait pas atteindre. C'est pourtant cette main qui met en cage le tigre et le lion ; c'est elle qui fait passer des éléphants d'une région dans une autre ; elle en conduira, si elle veut, une troupe nombreuse du fond de l'Espagne au cœur de l'Italie, comme elle mène un troupeau de moutons d'un pâturage dans un autre. Si elle rencontre le Rhône sur sa route, comment pourra-t-elle rassurer l'animal effrayé à la vue d'un élément qu'il ne connaît point, ou surmonter avec cette masse rétive la rapidité du fleuve ? elle prépare un radeau et le couvre d'un gazon vert, elle y introduit plusieurs éléphants ensemble comme s'ils passaient de dessus le grand chemin sur une prairie, et de quelques coups d'aviron elle ébranle la prairie, la détache d'un bord et la conduit à l'autre avec autant de facilité qu'elle y porterait une rose ou un passereau. La main de l'homme apprivoise l'ours qui vient la baiser, et attache le chameau qui plie les genoux pour recevoir ses liens, ou pour prendre sur son dos la charge qu'elle lui prépare. Bien loin d'affaiblir son éloge, on l'achève en disant qu'elle se fait seconder partout d'une force qui n'est pas la sienne, qu'elle emploie des matières qui étaient faites avant elle, qu'elle sait se prévaloir de la proportion qui se trouve entre le poids de l'eau et la légèreté du bois pour charger les rivières des plus énormes trains, qu'elle répare son insuffisance par des outils, par des contrepoids, par l'accélération des mouvements qu'elle trouve partout dans la nature. C'est en cela même qu'est la merveille. Les choses inanimées, les animaux les plus forts, les poids les plus difficiles à ébranler, les mouvements les plus déterminés, lui obéissent tôt ou tard, tout lui est subordonné. Non-seulement elle adoucit la rudesse des plus fiers animaux, mais elle met leurs passions et leur violence même à son service; sa dextérité tire profit de tout, et quoiqu'en elle-même cette main soit peu de chose, quoiqu'elle n'ait rien produit de ce qu'elle met en œuvre, quand on jette les yeux sur ses victoires et sur ses productions, on la prendrait pour la main du Tout-Puissant.

Si nous considérons la structure et l'emploi de la bouche de l'homme, quelle ample matière de réflexions cet organe ne nous suggérera-t-il pas? Quel concours de précautions et d'actions différentes! On a loué Torricelli, Pascal, Bayle d'avoir observé la pression victorieuse de l'air extérieur sur ce qui ne renferme point un autre air ou des liqueurs capables de résister à cette pression. On les regarde comme les pères de la physique moderne, parce qu'ils nous ont conduits par l'expérience à des vérités fécondes en conséquences et jusqu'alors inaperçues, soit en inventant, soit en perfectionnant des machines qui, par la soustraction de l'air contenu, dévoilent aussitôt toute la force de l'air extérieur, qui n'a plus de contrepoids. Ce que ces grands hommes ont opéré avec tant d'admiration de notre part, les lèvres d'un petit enfant l'opèrent d'une façon plus admirable; elles s'appliquent sur le sein de la mère sans laisser entrer aucun air dans sa bouche. Le poumon retire à lui ce que la bouche en contenait; la langue, en se resserrant, occasionne un vide qu'aucun air nouveau ne remplit. Alors celui qui, de toute la hauteur de l'atmosphère, exerce sa pression sur le sein de la nourrice, ne trouve plus de résistance dans les ouvertures du mamelon que les lèvres environnent. C'est donc une nécessité que le lait soit chassé et s'élance dans la bouche de l'enfant. Souvent ses petites mains, sans aucune leçon précédente, secondent l'action de l'air et diligentent le secours.

Que dirons-nous de la voix humaine? La parole met une distance infinie entre l'homme et les animaux. Il n'est rien dans la nature que la voix humaine ne désigne par autant d’articulations ou d’inflexions. L’homme parle de tout, parce qu’il n’y a rien qui, à quelques égards, ne soit soumis à son jugement et à son commandement. La parole, qui s’étend à tous les objets de l’univers et à leurs différents usages, annonce donc l’étendue des droits de l’homme; et non-seulement elle met les animaux fort au-dessous de lui, mais elle fait de l’homme la seule image de Dieu qui soit sur la terre.

Le mérite de la parole ne consiste pas dans le bruit, mais dans l’universalité de la signification : l’homme peut exprimer fort diversement sa pensée. Philoctète, en montrant de son pied le lieu où étaient les flèches d’Hercule, fut sans doute infidèle à son ami, puisqu’il lui avait promis de ne jamais dire où il les avait déposées. Si se faire entendre est la même chose que parler, on peut donc parler du pied, de l’œil ou de la main.

L’homme se fait entendre en cent façons différentes, et la parole a encore été ajoutée à tous ces signes, afin qu’il ne manquât d’aucun moyen d’être entendu. Mais dans ce privilége, dont l’homme jouit seul, de faire connaître ses diverses pensées à tout ce qui l’environne, et de les communiquer ou à ceux qui sont loin de lui, ou à ceux qui viendront après lui, qui peut méconnaître l’unique image de Dieu sur la terre? Dieu parle en effet dans toute la nature, et elle n’est faite que pour annoncer ses intentions. Tout ce que nous remarquons du spectacle de la nature n'est qu'une suite de bienfaits, un ordre instructif, une chaîne de monuments et de témoignages des vérités salutaires. Toute la nature est donc la voix de Dieu et l'expression de ses volontés. Qui est-ce qui n'a pas entendu la prédication des cieux? Où Dieu ne parle-t-il pas à la multitude et à chaque homme en particulier? Il s'adresse au plus méchant et lui déclare son amour, en faisant lever sur lui son soleil comme sur l'homme juste, et en l'associant avec les bons à l'usage de ses faveurs. La sagesse crie : sa voix est distinctement entendue dans le silence des solitudes comme dans les assemblées des peuples qui s'entre-communiquent ses dons et ses leçons. On l'entend sur les montagnes, qu'elle couvre pour nous d'utiles forêts, et dans les plaines, où elle renouvelle d'année en année la moisson qui nous nourrit. On l'entend sur les eaux, où elle nous ouvre un chemin, et dans les entrailles de la terre, où elle nous a préparé la pierre, l'ardoise, les métaux et toutes les matières propres ou à nous couvrir ou à nous meubler. L'homme est donc l'image et la seule image de Dieu sur la terre, puisqu'il est le seul qui y juge de tout et qui puisse exprimer ce qu'il en pense.

FIN.

TABLE.

FIN DE LA TABLE.

Tours — Imp. de Mame.